"十三五"普通高等教育本科部委级规划教材

CREATIVE FASHION DESIGN

创 意 服 装 设 计

要彬 刘冰 纪瑞婷 编著

国家一级出版社 中国纺织出版社 全国百佳图书出版单位

内 容 提 要

本书为“十三五”普通高等教育本科部委级规划教材之一。

本书打破原有的思维模式，以全新的符合时代发展的视角和执行力去触碰思维，让思维蜕变。通过“灵感与判断”“形态与主题”“细节与品质”“风格与映射”“质感与纹章”等一整套设计路径的组织与调配，从纵横两方面告诉读者，创意不是冒出来的，是学出来的，是将有效的逻辑环流添加内容之后的一种呈现。

本书内容丰富、实用，方法独特，可操作性强，对高等院校服装设计专业师生具有很好的启发性。

图书在版编目（CIP）数据

形神之间：创意服装设计 / 要彬，刘冰，纪瑞婷编著．-- 北京：中国纺织出版社，2019.5

“十三五”普通高等教育本科部委级规划教材

ISBN 978-7-5180-5710-8

Ⅰ．①形…　Ⅱ．①要…②刘…③纪…　Ⅲ．①服装设计—高等学校—教材　Ⅳ．① TS941.2

中国版本图书馆 CIP 数据核字（2018）第 280683 号

责任编辑：谢婉津　　责任校对：王花妮

责任设计：何　建　　责任印制：王艳丽

中国纺织出版社出版发行

地址：北京市朝阳区百子湾东里 A407 号楼　邮政编码：100124

销售电话：010 — 67004422　传真：010 — 87155801

http: //www.c-textilep. com

E-mail: faxing@c-textilep. com

中国纺织出版社天猫旗舰店

官方微博 http://weibo.com/2119887771

北京利丰雅高长城印刷有限公司印刷　各地新华书店经销

2019 年 5 月第 1 版第 1 次印刷

开本：889 × 1194　1/16　印张：11

字数：190 千字　定价：68.00 元

凡购本书，如有缺页、倒页、脱页，由本社图书营销中心调换

以创意之名

In the name of creativity

所谓创意，是创造意识或创新意识的简称。它是指对现实存在事物的理解和认知所衍生出的一种新的抽象思维和行为潜能。在中国历史典籍中，汉代王充所著《论衡 · 超奇》中曾记载：“孔子得史记以作《春秋》，及其立义创意，褒贬赏诛，不复因史记者，眇思自出於胸中也。”王国维《人间词话》中说道：“美成深远之致不及欧秦，唯言情体物，穷极工巧，故不失为第一流之作者。但恨创调之才多，创意之才少耳。”郭沫若《鼎》中言：“文学家在自己的作品的创意和风格上，应该充分地表现出自己的个性。”从这些语句中我们不难发现，自古有之且延续至今的创意概念始终强调的是有创造性的想法和构思。

概念清楚了，我们需要的是一种路径，按今人的理解是一种通过挖掘和激活资源组合方式进而提升资源价值的方法。那么问题来了，如何挖掘？这让我联想到现代人所熟悉并推崇的创意思维策略——头脑风暴法（Brain-storming）。该方法是由美国人奥斯本（Osborn）于1937年所倡导，它强调集体思考、互相激发，鼓励参加者于指定时间内构想出大量意念并从中引发新颖的构思。与之异曲同工的是本书立意之初就是掀起一场头脑风暴，同时其中的内容亦是头脑风暴的结果，这刚好契合了创意之本意。本书的目的是挖掘出一条创意之路，并在这条路上设好指示牌。

没有多余的说教，并让你在沿途看“风景”的同时悟出一些道理。开悟与自悟同等重要，就如同讲授与自学，这种配置于现代社会最优。这同时也是“古老的”主动与被动的关系优化问题，结构优化好了就能胜人一筹。在教学中总是喜欢强调历史文化的重要性、款式色彩的关键性等等，却很少考虑到思维模式的创新性，其实这才是教授服装设计根本性的问题，因此本书的撰写就是打破原有的思维模式定式，以符合时代发展的视角和执行力去触碰思维，让思维蜕变。

创意思维的养成，似泼墨大师在一片虚白之上任笔墨飞舞游走，黑白浓淡之间的片片留白给人以无限遐想与意境，意象形态的虚幻与物象形态的现实默契交融，形成一连串的思维爆破反应，即天马行空的漫游、无限素材的整合、矛盾元素的嫁接等，其创意性了然于目，表达胸有成竹。纵观服饰艺术发展进程，古往今来，时尚流行产生，必然得益于创意思维。当某一风格大范围流行开来，与之相反的另一风格正在悄然升起，正是这种“反其道而行之”的创意思维，不断缔造出绵延不绝的服饰繁华。

“灵感与判断”“形态与主题”“细节与品质”“风格与映射”“质感与纹章”，这不是简单的词语罗列，更是一整套设计路径的组织与调配，它既是纵向的逻辑又是横向的延展。这种纵横的观念是做好创意设计的基本思维模式。同时关于设计方法，还应该诚恳地告诉读者，创意的方法并不排斥旧元素的重新应用，进而形成新元素；或是把已知的、原有的元素打乱并进行各种形式的解构重组，从而形成一个未知的、全新的元素。创意不是冒出来的，是学出来的，是将有效的逻辑环流添加内容之后的一种呈现。

于是，可以得出这样一个结论：学习的内容多了，文化积淀厚了，将知识无限添加到创意的“纵横架”上，就会发现，广袤的沃土正等待读者去挖掘并将逐渐扩大延伸。以创意之名，学无止境，将会相伴人生，受益良多！

要彬

2018年12月

目录

Contents

第一章
灵感与判断

“我所到之处，床上、洗浴间、餐桌旁、车中、街头、灯下，不分昼夜，我都在不停地设计。”这句话出自迪奥（Dior）创始人克里斯汀·迪奥（Christian Dior），创意服装设计的灵感找寻亦是如此。灵感是一种突然闪现的创造性想象，这种瞬间性的特质更说明当灵感消失时，所剩下的工作即是理性的，是需要一点一滴把灵感完整地甄选并拼凑起来的。而“判断”正是对灵感理性的分析，它是经过漫想——记录——整理这一系列过程而形成的一种实际操作方法，它不是“大而化之”的务虚，是一种贴近真实且准确、可靠的思想表达。因此，我们一旦着手于创意设计，便亟待通过理性且专业的训练使得灵感敲门。

第一节 天地有大美 | 掠城·地域

服装的创造性语言往往貌似无规律可循，但实际上是存在诸多逻辑哲理与理性判断的，而这一切的根源即为灵感。灵感绝不是空穴来风，它会伴随一个人的生活阅历、知识体系、思维意识、观念背景、审美积累以及文化底蕴而来；灵感又是无处不在的，它需要设计者拥有犀利的目光与睿智的头脑。如果前者是务虚，后者即为务实；前者是理论，后者便是实践；前者是可推断性的，后者则为可操作性的。

一只鸵鸟与一只大象能告诉我们什么？或许是非洲；或许是充满肌理感的面料；或许是一个独特的廓型；亦或是一大堆羽毛；又或者是一段温暖而火热的记忆！从宏观到微观，从物质到精神，这一切联想都讲得通，这是一个设计者应有的思绪。打开思路，你会想到更多。

图1

图2

图3

图4

探寻服装灵感的机会是无限的，可以参观博物馆或是探寻城市中的某个角落，亦或是利用旅游的机会领略自然风光与人文风貌，从中体察具有地域性、符号性的设计素材。其实，有时对于灵感只是不以为然地一笑了之，即便是已经看到、领悟到，但没有用心去体味、记录，它便会稍纵即逝。只有用心记录了，灵感才会越来越近直至捕捉到它。所以，只要有机会就应该动手去记录灵感迸发的瞬间。

图5

时装摄影师凯文·麦金托什(Kevin Mackintosh)的非洲成长经历给他带来源源不断的创作灵感。在这组具有非洲风情的时装大片中，非洲裔模特标志性的黑色皮肤、浓烈而质朴的非洲大地、头巾、项圈、发饰等元素都具有鲜明的民族性地域文化特色。作品中对物质形态和精神文化的提炼，深刻表达出其创作语言。

在创意服装设计中，一旦选择了素材，可以在对其彻底研究的基础上，把最吸引你且最说明问题的部分加以放大、联想、解构、重组，结合有节制的感性思维，以理性的态度捋出一条设计主线。

图6

图7

凯文·麦金托什作品

图8

图9

图10

思考与行动：

地域性元素是自然空间与人文因素的综合体。不同的地域往往会形成别具一格的风貌特征，以其独有的特殊符号拉近与消费者的情感距离，这有利于产品更好地推广并赢得地域市场。

请详细分析一个你熟知的地域状况（最好是你的民族、家乡），并归纳总结其中包含的设计元素并找到可以发挥创意的点，最终以ppt的形式展现（要求图文并茂）。

第一节 天地有大美 | 异趣·自然

图1

图2

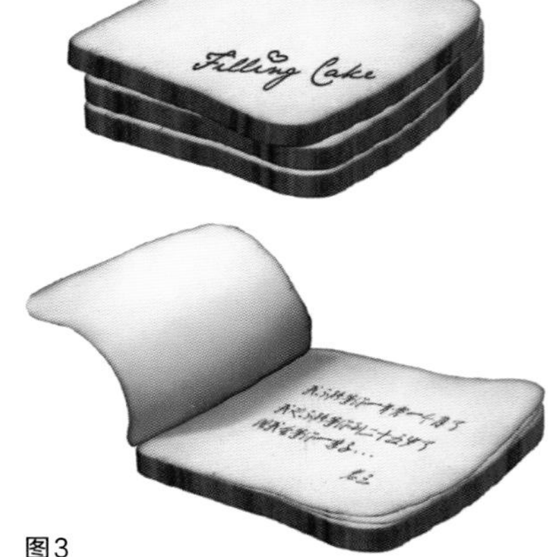
图3

如图1~图3所示，可爱狗狗形态的高跟鞋、蜥蜴纹样的运动鞋、引人食欲的面包便签……这些设计全都借助了身边或者自然界中所固有的形态作为灵感，这些仿生作品不仅趣味性极强，同时具备实用功能。

在现代服装设计中，单纯的从形态、功能、结构或者材料的某一方面来进行仿生是不科学的，优秀的仿生设计应该进行综合考量，特别是要从大自然生存哲学即“和谐共生”的角度进行设计。这种精神层面的元素在转化成物质产品的过程中，需要设计者具有良好的文化素养。

信息时代人们对设计的要求不只是注重单纯的某一面，以仿生为灵感，追求清新自然、返璞归真的个性设计，将更有意义的思绪融汇其中，这才是当今设计师崇尚的时代坐标。

图4

图5

图6

图7

自然界本身具有深不可测的特殊魅力。仿生造型的服装设计是在功能、形态、结构、外部廓型等方面对生物某些特征进行模拟的一种设计方式。服装的“仿生设计”主旨是“师法自然”，这也正契合了21世纪的创作主题——提倡人与自然的和谐统一。服装的仿生设计具体表现在以下几个方面：(1）造型仿生，如图7所示，燕尾服就是最好的例子。(2）色彩仿生，大自然千变万化的色彩是服装色彩借鉴最直接的来源。(3）材料仿生，采用特殊的印染方法(如化学印染、压花)和编织手法都可以表现各种各样自然界元素的肌理效果，如今面料仿生设计已得到进一步发展。

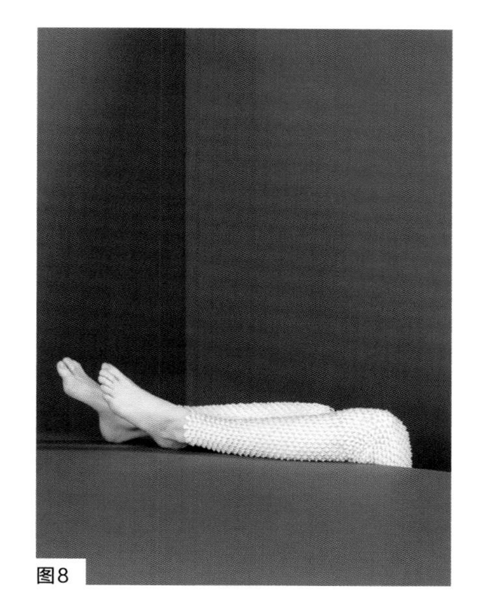
图8

图9

蛇蜕去苍老粗糙的旧皮，犹如“凤凰涅槃”般获取新生。蛇因新生而呈现出紧实的皮肤，因此裤装的设计在模仿蛇皮肌理的基础上，运用贴合人体的剪裁方式，赋予人“第二层肌肤”。如图8～图11所示，设计师将“仿生”与“设计”相互交叉渗透，使人们切实体会到大自然的存在。当然，仿生也不只局限于自然界的动物、植物，社会生活中的建筑物及生活用品等都是设计借鉴的对象。

图10

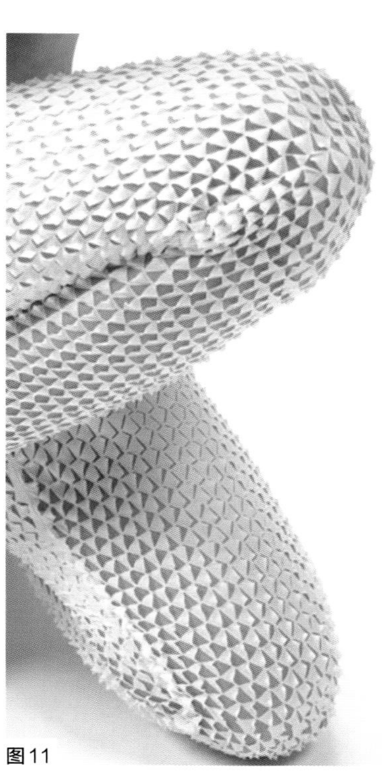
图11

卡米尔·卡特（Camille Cortet）作品
蛇蜕皮系列设计

思考与行动：

日本蜘蛛（Spider）公司使用一种人工合成蜘蛛丝制作了一件绚丽的铁蓝色女装。蜘蛛丝强度大于同等粗细的钢丝，甚至伸缩柔韧性大于尼龙，如果将它用于制造盔甲，强度至少是防弹衣3倍。目前，科学家对这种合成蜘蛛丝十分青睐是由于它具有广泛用途，如降落伞绳索和人造血管等。

请你以拍摄或查找图片的方式找到令你感动并能给你灵感的自然生物皮肤肌理，结合自己的专业特色，以“向自然学习设计”为主题，对其进行分析说明（要求配图）并设计一组服装面料图案。

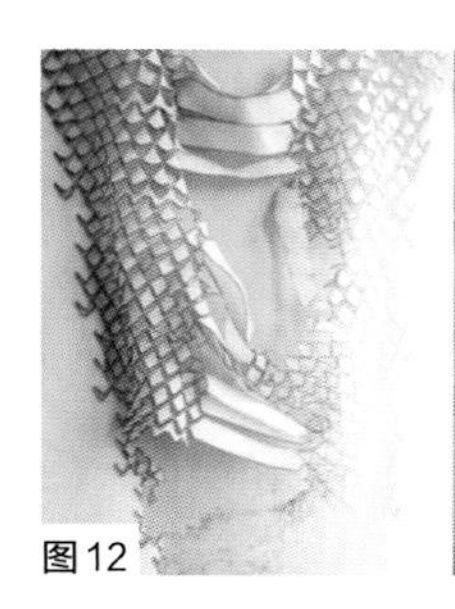
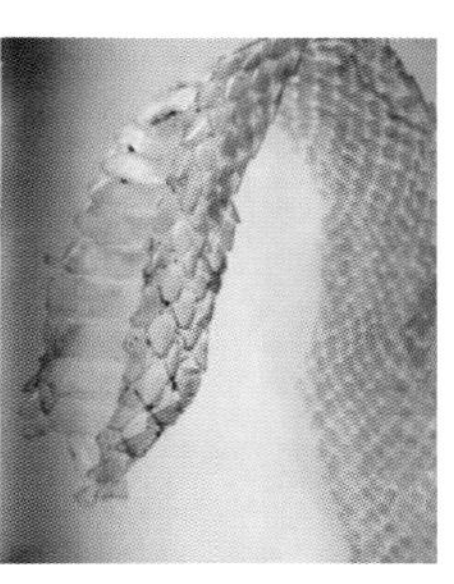
图12

第一节
天地有大美

魅力黑天鹅

灵感有时稍纵即逝，它喜欢和我们捉迷藏，躲在某些事物的背后，在我门脑海里若隐若现，就像黑色羽毛依附在动物身体表面却经常被忽视。罗丹曾说："生活中并不缺少美，而是缺少发现美的眼睛。"因此，我们要养成良好的习惯，随时通过文字、图像等形式记录灵感来源和过程，有效地抓住灵感，握住服装设计的生命线。

如图1~图4所示，黑色羽毛既华贵又神秘，搭配在服装或配饰上都能彰显十足魅力。试想将它穿在身上，化身魅力灵动的黑天鹅，或演绎高贵优雅的恶魔天使，或装扮俏皮活泼的精灵，都可诠释得淋漓尽致。随着服装科技的飞速发展，人造羽毛裘皮等材料可以与天然皮草相媲美将设计引入另一种思潮——环保。

图1

图2

图3

图4

图5

图5为全球知名品牌华伦天奴（Valentino）以"黑天鹅"为主要灵感的设计作品，它对于"黑天鹅"的理解：

（1）显示在造型上。

（2）源于对细节的追求。

说到莎拉·伯顿（Sarah Burton），也许人们知之甚少，而如果说到亚历山大·麦昆（Alexander McQueen）——英国鬼才设计师，赫赫大名人所共知。令人惋惜的是，2010年2月亚历山大·麦昆这位将灵异和硬派发挥到极致的设计师典范却英年早逝，莎拉·伯顿正是他的接班人。伯顿创作延续着麦昆的一贯风格，只是多了几分柔美与浪漫，这或许与其性别有关。她的秀场让人想起“黑天鹅”娜塔莉·波特曼（Natalie Portman），在演绎出最完美黑天鹅的同时，那种积极进取的精神力量更令人折服。这就是一个成功设计师抵达的境界。

图6

图7

莎拉·伯顿作品

思考与行动：

21世纪，设计界弥漫着一股“回归自然，绿色生态”的风潮，附会这一风潮的“仿生”对各个领域的影响日趋明显，愈发成熟完备的仿生设计再次成为新鲜且具活力的设计创新手法。回归大自然、追求人性化是设计最好的卖点。请你：

（1）以“搜集——甄选——归纳——定稿”的方式呈现捕捉灵感的过程，确定“羽毛”主题设计稿。

（2）根据思考，结合行动中确定的灵感延续大师风格，以“大师的DNA”为设计主题，设计一套元素明确、主题性较强的创意服装作品。

图8

第一节 天地有大美 | 艳遇花草

作为与女性密切相关的花草题材，一直以来都是世界时装舞台反复吟诵的主题。正所谓“女人如花，风情万千”。花草在衣饰上艳丽盛开，成为设计师亘古不变的主题式创作灵感，它们几乎被运用到了服装的任何位置，并以不同的形式出现：

（1）以图案形式出现。这是最常见的表现手法，通过对花草图案大小、疏密、造型的处理，塑造不同的服装风格。

（2）以立体形式出现。一改花草元素只为图案服务的理念，通过设计师的巧妙构思，运用服装廓型对花草进行模仿，使服装本身呈现花草的特质。

（3）以单位元素形式出现。

图1

图2

图3

图4

图5

图6

“花草”元素作为源于自然中的灵感，存在于服装设计中并不是单一的。这种存在的外化形式可以表现在色彩、造型、图案、材质、装饰手法等诸多方面。色彩上，通常最容易想到的就是还原花草的本质色调，创造出一种和谐并欣欣向荣的感觉。但我们可以换一种思路，将色彩经过人为处理，如将娇嫩粉红色的花调和成神秘忧郁的蓝紫色；将充满生机的绿色叶子颠覆成性感奔放的紫红色，这种大胆的变奏或许能够成为创意服装设计灵魂的焦点。除此之外，还有很多类似的例子，如打破原有图案方式，经过解构与重组使其赋予新的含义。图6为高田贤三（KENZO）的手帕设计，它在秉承自己独有纹样风格的基础上不断创新，赋予品牌新的精神并传达出新的视觉信息。

图7

如图7所示，这些精致的礼服全部出自著名时装设计师约翰·加里亚诺（John Galliano）之手，他从花草世界中找到了属于自己的灵感。他没有过分修饰花草的外在形态，而是平铺直叙地通过夸张明度与纯度的方法打破花卉本身固有的色彩，并以不同材质去表现质感，使其艳丽醒目，这种大胆的颠覆使花草的特征更加鲜明，令与花草相关的种种情感油然心生。

图8

图9

尼科利·德克斯特拉斯作品

图10

加拿大艺术家尼科利·德克斯特拉斯（Nicole Dextras）运用大自然提供的恩赐，设计出令人叹为观止的创意服装。在他的设计中，并不是将花草进行简单堆砌，而是利用他们的固有形态进行组合搭配，提炼整合。这种设计手法不同于前面看到的加里亚诺的设计，前者是功能的，后者是艺术的；前者是时尚的，后者是古典的；前者是融汇的，后者是单纯的，当然两者都具极强创意性。因此，做设计时要依据自身所长做到取舍得当，找寻属于自己的设计风格。

图11

思考与行动：

花草元素在服装设计中的应用大致分为装饰性的和结构性的两种。其装饰功能可以是平面的，也可以是立体的。通常通过某种印花工艺表现为服装面料中的图案，也可以利用附加工艺(钉珠，刺绣等)丰富服装的整体效果，当然也可以作为单纯的配饰，如发饰、腰带、项链等在服装中起点缀、协调、搭配的装饰作用。花卉元素中的结构功能可以分为连接分割线和强调分割线两种；另外在服装特定部位使用重复、叠加、堆积等工艺技法，也能起到强调作用。

请你找出大自然中最吸引你的花草元素，以图片或实物的形式展现，并利用其色、型、质等方面的特点结合本专业进行文字分析，找到切入点，继而实现一套创意服装设计。

第一节 天地有大美

“浇”出低碳

如图1~图5所示，看到这些设计，你一定能嗅到一股自然清新的味道，这种直观感受在设计中能激发设计者无尽的灵感，而灵感的产生往往还可以通过联想来实现。设计师在解决相关问题的引导下，通过感受去联想，达到由此及彼、触类旁通的效果。联想的关键在于思维的发散性和灵活性，除了举一反三的推导，还要找到事物之间的内在联系，以达到解决实际问题的目的。就像你看到树枝状的书架、藤条包围的座椅，如果只是盲目追求自然形态而忽视其功能性，那么设计目的就会大打折扣，成为没有实际意义的装饰。这也是当今设计所强调的艺术与实用相结合的意义。

当今设计中，有很多热门话题，“绿色”始终是一个恒久不变的热点，因此使设计具有“绿色”意义成为大势所趋。大自然给予取之不尽、用之不竭的资源，我们从中汲取营养与灵感以丰富设计的同时，是不是更应该考虑要给自然留下些什么？就服装设计而言，应尽可能选用对生态环境影响小并能够充分利用资源能源的材料进行设计，例如，选用纯天然面料、环保型加工方式等，减少对环境的破坏，甚至可以利用服装这种最直观、最外化的形象来唤起人们对自然的保护。因此，绿色设计将环保性能作为产品设计的主要目标和出发点已经成为一种先进的设计思想。

图3

图4

图5

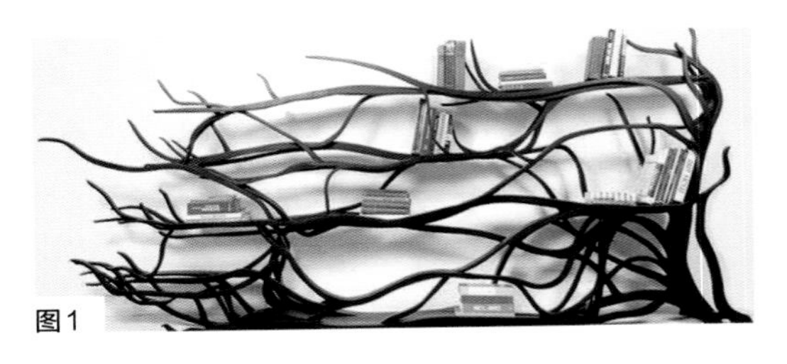
图1

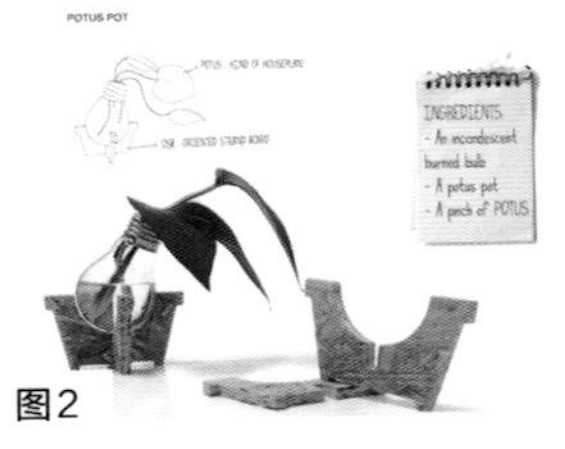
图2

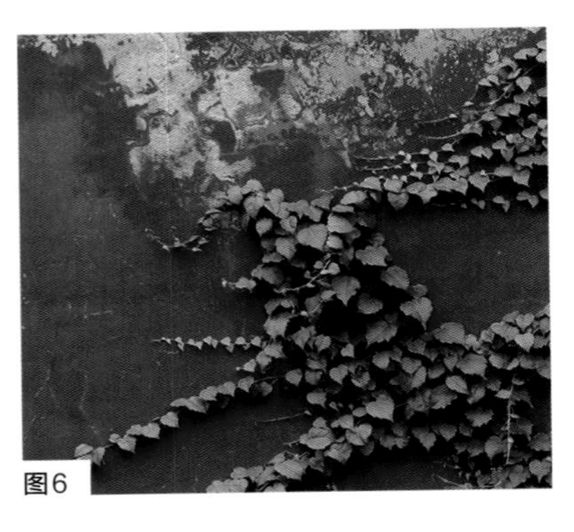
图6

图7

图8

图7、图8的两个教堂建筑物是日本著名的建筑设计师安藤忠雄的作品，分别是“光之教堂”与“水之教堂”。大阪茨木市的“光之教堂”，南向墙面上有水平与垂直的开口，在阳光透射下形成“光的十字架”，随着阳光的变化，十字架在地面的投影与时推移，令空间神圣，庄严。北海道的“水之教堂”在人工湖中竖立着白色钢十字架，湖的深度经过精心设计，可以使十字架完整地倒影其中，呈现出带有“神”色彩的自然环境。这些设计就是利用自然的设计。

图9

贝娜·卡瓦斯作品

初看图9这组设计，如若不知其中的奥秘，并未觉得有何玄秘，或许认为只是以环保为设计灵感的服装，无非是以自然的颜色嫁接自然的元素，甚至嫁接的有些直白与牵强。但其实这是设计师贝娜·卡瓦斯（Renana Karvas）的新型纺织品设计，织物是由有机物与苔藓植物的因子组成，植物生长在织物中并成为织物的一部分，这就是一个必须浇水和培育的创意纺织品。这种奇思妙想的创意，从另一个角度诠释了环保与低碳——“绿色”这一引发全人类关注的设计主题。

在创意服装设计中，对“创意”的理解通常只局限于廓型的创意，一种外在表现方式的创意，甚至运用“以怪制胜”的设计思维，却忽视了材质的科技性因素。或许因为它操作性的难度较高，觉得难以触碰便避而远之。事实上，高科技环保低碳绿色材料的创新与运用正是今后发展的趋势。因此，在学习阶段要勇于尝试科技创新，运用绿色理念，多动手、多实践，实现更高层次的创意服装设计。

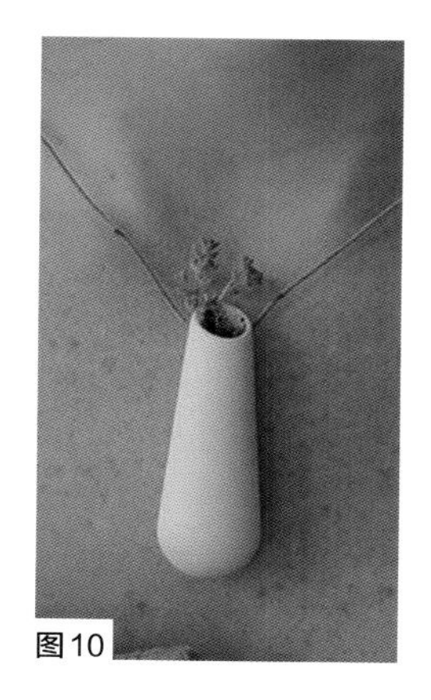
图10

图11

思考与行动：

我们寄居在自然中，是自然中的基础元素，而科学技术发展至今，科技与自然、绿色、低碳的有机融合已成为现代生活的主题。无论是安藤忠雄的教堂三部曲，或是贝娜·卡瓦斯的新型织物，都旨在使人们更靠近自然、感受自然，从而更加爱护我们赖以生存的环境。请你：

（1）观察在设计中存在的违背绿色自然的现象，思考过后，请加以自己的思想进行改造，以ppt形式图文并茂地说明改造方案。

（2）改造一块面料，使其具有绿色、环保、科技的综合意义。

第一节 天地有大美 | 原始风貌

原始社会，人们利用身边触手可及的资源，如石器、树枝、兽齿等学会了更好地生存，这在工艺美术历史的学习中我们已熟知，但在创意服装设计中又能带给我们什么启示与灵感呢？对于自然灵感的汲取，我们往往被局限在花花草草中，而忘记了人类伊始取法自然，为我所用的本能。散落在地上形态迥异的石块、树林中年轮沧桑的树根、空中飘散的形声无定的风雨云，这些都能成为激发我们创作热情的灵感源泉，大自然没有丝毫的隐瞒，慷慨地给予我们，而很多时候我们却忘记了自己从哪里来……

原始风格是值得我们珍视的，因为那里有文化，有传统，有先民们的激越与真诚，这正是现代社会缺乏的，需要的！

图1

图2

图3

图4

图5

图6

人类从原始走来，一路愈渐文明，但却只顾向前。如图5、图6所示，这两幅图片“捡起”我们遗落的原始风貌，通过创意性服饰形象展现出独特风貌，既时尚，又原生态；既性感，又古朴。同样以原始风貌为灵感，却能产生不同的效果，这就是创意服装的魅力所在。根据不同的创意需求，哪怕是同样的元素和灵感，也会呈现出不同的艺术效果。由于个体的阅读和判断存在一定的差异性，只要我们善于发现和思考，就算是同样的灵感源泉，每个人所呈现出的风格形态、表现手法、综合品味也各不相同。所以在平时的生活学习中，我们要多使用自己的眼睛去寻找、去发现，再使用睿智的头脑去思辨，从而得到属于自己的判断，创意出属于自己的新设计。

图7

亚历山大·麦昆作品

如图7所示,此系列是名为“亚历山大·麦昆:野性之美”(Alexander McQueen:Savage Beauty)的展览,在纽约大都会艺术博物馆举行,旨在回顾英国已故设计大师麦昆投身时尚圈19年来取得的成就。

在麦昆的这些设计中,体现了他对生活的思考,对自然生态的热爱,对原始部落风貌的思辨,很难想象原始与浪漫能够结合,但麦昆做到了,他在设计中常常利用最原始的自然风貌,用上乘的面料制作出自然的效果,特别是以颜色或廓型反映出天然感的面貌,使它们与灵感元素浑然天成。从中我们可以感受到服装所要传达的信息,那就是对自然的善缘,而这些思考在如今生态环境受到严重污染和威胁的现实中显得尤为重要。这也是一个设计者应该承担的某种社会责任。

思考与行动:

大美自然——无论是人类早期对原始元素的朴素运用还是现代服装设计中对自然元素的提炼升华,都是对自然的物质或形态的依赖。我们在使用自然元素的同时必须学会关心自然、保护自然,唯有如此,我们才能更长久地从自然中汲取灵感。

请思考被你遗忘的自然灵感,它可以是有形的,亦可是无形的,以“被遗忘的灵感”为主题写一篇不少于1200字的文章,并加以副标题。文章形式不限,但要求说明在创意服装设计过程中的启示。

图8

第二节 生活的艺术 | 职业“装”

设计灵感的判断是对杂乱无章设计思绪的整理及甄选，正如我们所看到的，军装风格并不仅仅是一种对军服款式的简单复制。从兵种分，包括陆军（二战军服最为经典）、海军（水兵服）、空军（飞行员服）等；从性别分，包括男军装与女军装；从季节分，包括夏军装、冬军装、春秋军装等。这些灵感来源于特殊职业的服装，在进行创意设计时，对服装加以判断正是对这些原始形态职业装的了解。从配饰、纹样、色彩、款式等多方面入手，找寻最能突显职业风格特性的细节，配合审美原则，设计出具有时代风格的创意服装。

图1

图2

俗语“灵机一动，计上心来”同样也适用于设计中。灵感是设计的种子，遇到合适的土壤加之充足的水分、阳光，便可生根发芽，而这些养分恰恰是对设计的准确判断。所谓判断，是一种理性的呈现。在服装设计中，判断的实现，也就形成服装的初始样貌。如果没有一个界定明确的设想和坚定的理念来确定判断，那么整个设计过程就会像是一个突发事件而不是准备万全的工作，在接下去的设计步骤中便会逐渐偏离最初的想法与构思，变得混乱不堪，所以从最初的灵感中确定判断方向是创意服装设计的重要环节之一。

图3

图4

职业服装指的是那些直接表明人们的身份、职别及工作特点的形态统一的服装。称其直接表明人们身份和工作特点是相对于一般生活服装而言的说法。因为一般生活服装在细节处也或多或少体现了着装者的某些特性，二者的不同之处在于生活服装是间接呈现，而职业服装则是直观明了，尤其是一些特殊职业的服装更要求体现不同的功能、精神、审美等要求。图3、图4是原香奈儿创意总监卡尔·拉格菲尔德（Karl Lagerfeld）以修女服为灵感的设计，他并未照搬修女服的款式与面料，而是打破常规，将香奈儿经典的小黑夹克作为款式主体来实现其创意设计。

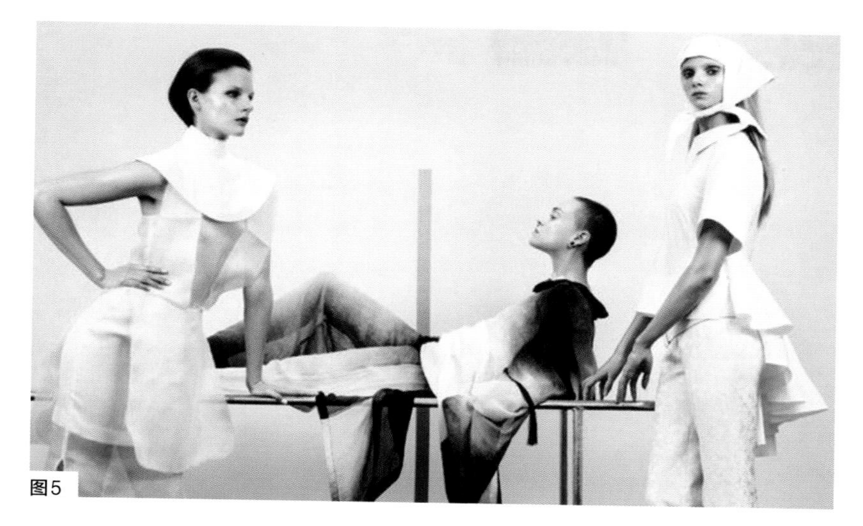
图5

图6

图7

图8

法国时尚杂志*Bon International*服装大片

在人们印象中护士的职业装总是一袭白衣，整洁有型。而在*Bon International*杂志中演绎的护士却是性感、挑逗、性情多样的角色。以白色墙壁作为背景，将白色、绿色和少量蓝色作为服装的主色调，无论是病患、护士和医生或是病历本、担架床等不一而足。情节从一开始病患的勉强配合治疗到不厌其烦，再到最后对瘦弱的护士大打出手都表现得惟妙惟肖，而作为读者的我们大可以欣赏一下以镂空蕾丝与廓型设计共同打造的未来感护士职业装造型。

图9

思考与行动：

军装，严肃而有力，果断更坚毅；护士装，亲切而和蔼，整洁更专业。这些都是职业装给我们的直观感受，但在进行创意设计时需要逆向思维，反其道而行之，在规避重复原则的基础上，找到职业装的创意点，使其焕发出时尚活力。

请选择一种职业或特殊职业身份的人作为设计对象，可以是警官、飞行员、马术师、圣诞老人等。深入探究他们的职业特性及着装风格，设计出一套符合其职业的创意服装。

第二节
生活的艺术

“食”装时尚

奇思妙想所迸发出的创意无处不在，而这种创意又具有多层面、多角度、内容丰富的特点。大量事实证明，灵感并非是“无本之木，无源之水”，它存在着前期的铺陈，并非人们在大脑中突然迸发产生的想法。那怎样才能诱发灵感的产生呢？首先，可以尝试一些简单易行的休闲方式，如散步、听音乐、阅读书籍杂志、看电影等。这样不仅有益于大脑中氧气的供给，又能促进右脑活动，从而有助于灵感的产生。最著名的例子就是美国可口可乐公司的包装设计师，一天在散步的时候，他看到一位女士穿着一条喇叭状连衣裙，曲线十分漂亮，由此触发了他的灵感，将喇叭状连衣裙作为创意源头，加入特定的专业技术，设计出至今经典的可口可乐包装瓶。中国古代一直流传至今的瓷器“梅瓶”，其造型灵感不也是“两个提肩的少女背对背”吗？其次，可以尝试大量信息的录入，比如与他人交流或是到人流密集的地方观察、倾听等。这种信息传递与信息交换的过程也是促进灵感产生最有效的方式之一。再次，反常态思考有助于刺激知觉，激发灵感，它们颠覆了原有的介质属性，运用反常态的手段，使设计富有新的形态及功能，实则为创意设计的一个妙宗。

服装设计师的灵感一向天马行空，他们同样厌倦了“常态服装”的准则，转而挑战利用食物、瓷器、金属等通常会被皮肤排斥的物品直接制成服饰，尽管从某种程度上违背了服装的固有原则，但它们更注重设计的表达和更深层次对服装的认知。这种创意不仅带给旁观者新颖且有力的视觉冲击，更增强了设计者追求唯一性与艺术性的信心，这也是作为设计者需要涉猎与强化的部分。

图1

图2

图3

图7

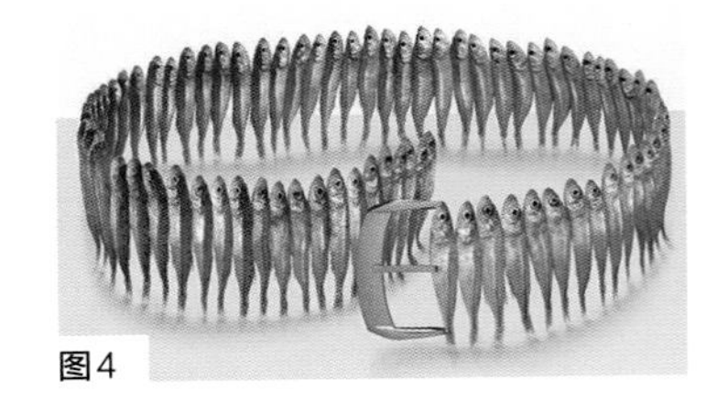
图4

图5

图6

图8

图9

图10

灵感源于“个性”——这是灵感产生的基础之一。每个人对事物的看法与认识各不相同，即便事物存在客观实际的特点，这种“个性”就是区别于他人的稳定性、独特性和整体性的关键。因此，即便是看到同样的事物，嗅到同种食物的香味，获得的灵感却可以大相径庭。在图8、图10的设计中，灵感源均是食物，表现手法与感情传递却略有不同。将这种设计思维运用在创意服装设计上，体现的是一种服装材质的创新与反常规。这主要表现在：（1）材料本身、材料与材料之间以及多种材质之间的关系组合，表达其丰富复杂的艺术审美效果。（2）借助技术手段对材料进行再塑造，在改变材料外观的同时，最大限度地发挥材质自身的视觉美感。

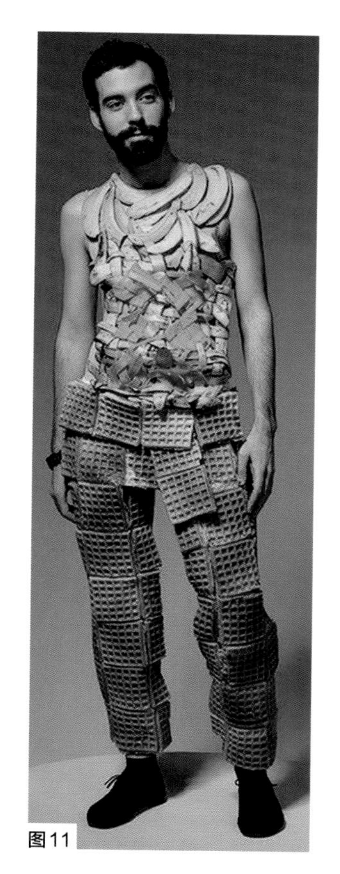
图11

图12

图13

图14

宋盈俊作品

当美食和服装设计的创意相碰撞，是不是所有人都会经受不住诱惑？韩国青年设计师宋盈俊(Sung Yeon Ju)用新鲜食材做成秀色可餐的服装，颇显“时装”神韵——生生不息。香蕉、面包、肉片、紫甘蓝，各具风味，真是一场“食”与“装”的饕餮盛宴。

这组创意服装使我们看到“反常态”灵感的迸发，通过对“非常规”“非服用”材料的成功运用，表达设计者的独具匠心。当然，实现灵感并非是简而化之，它是经过深思熟虑将虚无缥缈幻化成现实的实操过程。不同的材质、色彩，不同的形状、肌理，结合人体各部位的廓型，最终构成合理的配置。当食物在服装中成为主要角色，也就成为服装所要表达的主题之一，成为设计的语言与形式。对于这种辨识度极高的判断方式，要通过服装艺术特有要素来传递丰富多彩的信息，从而阐明创意服装的语言。

思考与行动：

创意服装的变化形式多种多样，它不仅限于材料的“非常规”，这种“反常态”寻求灵感的方式可以从多方面、多角度着手，当打破这种单一思维方式束缚时，创意灵感便会源源不断地涌入脑海。

请你思考：哪些“非常规”性设计语言可以在创意服装设计中使用，搜集它们，以立体展板形式体现你的想法（其中包括文字、图片、实物、实物的变形等）。

图15

第二节 生活的艺术 | 圆的聚会

图1

“专业素养”是灵感源的另一基础。艺术门类之间存在着相通、交叉、互动的关系，除了在生活各方面找寻灵感外，各姊妹艺术也提供了取之不竭的灵感源泉。点、线、面是在平面设计中最常接触的概念，也是学习设计最基本的元素与手段，不仅因为它简单、直接，更是因为它意思表向明确，能够为设计提供丰富可操作的空间。服装作为精神意志付诸于形式的产物，往往是通过点、线、面、体的构成而集中表现。其实，点、线、面是很少独立存在的，通常是以相互关联、依靠以及相互运动的方式产生并实现一个立体维度设计，而服装设计正属于立体造型范畴，运用美的形式法则有机地结合点、线、面，最终构成“体”并实现造型过程。

图2

图3

图4

图5

无论是2010年上海世博会的英国馆，还是瑞的气球服装作品，处处都能看到平面构成元素带来的灵感，点、线、面的韵律与神奇一览无余，如鬼斧神工般将各种设计门类与语言链接到一起，处处洋溢着律动的欢乐与童趣的缤纷。它们在不同环境与空间中相互转化，形成新的构成形式与表达方法，在联系的过程中“堆积”情感……

瑞曾是一名日本花商，却在几年前转行玩起了气球艺术，并成立了一家气球工作室。他可以把数以百计大小、颜色不一的气球编成服装、帽子或者花环，充上气后，一件件梦幻般的气球创意时装便诞生了。在他的设计中，气球时而作为基础点存在，时而连接成线；时而堆成有序的造型，时而又飘洒无序。通过“气球”这一灵感媒介，运用点、线、面的构成，实现自己对于创意服装设计的理性判断与现实操作。

图6

图7

图8

瑞·霍斯凯·黛西（Rie Hosokai aka Daisy）气球艺术作品

其实，还有很多这样的例子，因为通常“点”能够引导视线，而作为服装设计中的一个“计量单位”，点可以是平面的，也可以是立体的；可以是方的，也可以是圆的；可以依附于服装，也可以独立存在，甚至还可以具备色彩、质感等个性因素。从纽扣到胸针，从图案到商标，“点”在服装中的表现形式可谓丰富多彩：一方面在数量、排列、位置、大小、形状等方面的变化都会给人以不同的感受；另一方面，在创意服装设计中，我们除了利用这些有形的“点”进行设计，还可以经过深思与试验，创造出更多“无形”的点，这些“点”是通过其他工艺实现的，如褶裥上的处理，使人在视觉上产生一个点的形态，一般这些点装饰在颈、胸、腰、臀等位置上效果较好。

思考与行动：

俄罗斯著名画家瓦西里·康定斯基曾说过：“依赖于对艺术单个的精神考察，这是元素分析师通向作品内在律动的桥梁。”

灵感需要将横向的知识广度与纵向的知识深度交织成网，培养全面的专业素养，才能交汇出新的灵感。任何一门艺术都有自身的语言，能使作品富有感情与生命力的设计师需要有对灵感元素的准确判断与驾驭能力。

请以“点、线、面”为基本构成形式设计一套创意作品。

图9

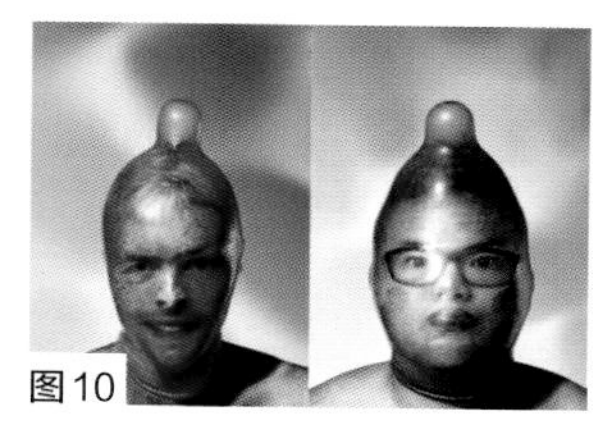
图10

图11

第二节
生活的艺术

“塑”说

图1

灵感源于生活，而“塑料”作为生活中使用率较高的材料却常被我们忽视。其实塑料从质感到形态也是品类繁多的，磨砂的朦胧、亮光的通透、柔软的飘逸、坚硬的潇洒，塑料也随其特性被赋予了不同“性格”。因此，设计者一旦将塑料作为灵感源，就需要针对设计风格与要求甄选出适合设计本意的灵感元素。在尝试以塑料做创意服装设计时，通常思路比较狭窄，最常见的便是“环保垃圾袋”时装，这是因为软性的垃圾袋具有较好的塑造功能，所以设计者会摒弃一些材质较硬的塑料制品。其实要想更好地激发创作，应有“明知山有虎，偏向虎山行”的态度，这样才能锻炼我们的创新能力。打破思维的惯性与局限性，将塑料作为一种实验性的服用材料，通过形态、种类、质感的处理，将其与人体结合，放弃对材料原有的认识，重新进行塑造整合，使其散发出创意的无尽魅力，这也是对灵感进行正确判断的重要手段之一。

图2

图3

图4

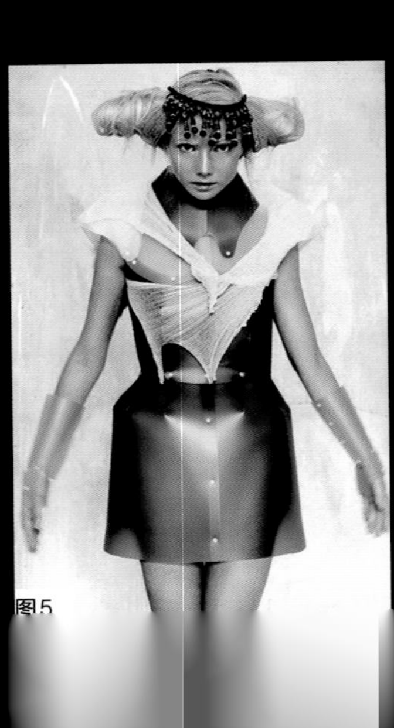
图5

设计师通过对材料特性的把握，才能设计出满足现代生活需要的产品。由于实践是认识的基础，它是一个由感性上升到理性的过程，因此掌握材料特点以及应用成型工艺的实践性操作，成为一个设计师走向成熟的必经之路。图4、图5两幅作品是时装摄影师戴蒙·贝克尔（Damon Baker）为《转向》（*Sheer*）杂志拍摄的首期大片，其独特之处在于对塑料材质的运用。塑料经工艺处理，压制成具有磨砂质感的塑料板，通过剪裁，变成服装的一部分，在光与影的交错中风格特征明显。相比透明度高的塑料，这组作品虽然原料相同，但风格却十分迥异，给人以坚毅、潇洒、硬朗、果断的风格，这也印证了我们常说的“材质有性格”。

图6

图7

尼克·金奈特与Lady Gaga合作的摄影作品

在尼克·金奈特（Nick Knight）这组作品中，同样使用了塑料材质，表现出华丽、动感的效果。将未经二次处理的塑料直接缠身，通过对服装结构、节奏、韵律等整体操作与审美的把握，使塑料成为造型和功能的承载者，以自身特性体现服装的个性风格。塑料的造型变幻无穷，设计者通过对塑料材质以及设计创意的对比，判断出塑料最本真的面貌，有利于设计风格的塑造。通过其他形式难以达到的造型来体现一种随意的美，这种表现形式是一种理性高于感性，却不能游离于感性的思维过程。另外，许多塑料设计作品都具有折叠功能，所以这些塑料作品既具有节省空间的特点，又具有方便使用的特点。

思考与行动：

图8是DIY作品，用普通的硬塑料，剪成扣子的形状，通过不同方式的缝制方法，让其具有独特的创意性。

（1）请你利用塑料的不同质感与风格，创作一幅时尚插画（要求表现出塑料的不同特质）。

（2）请你用不同的塑料制品作为细节或点缀，改造一件成衣，穿着并演绎其新的内涵，同时拍摄成衣照片。

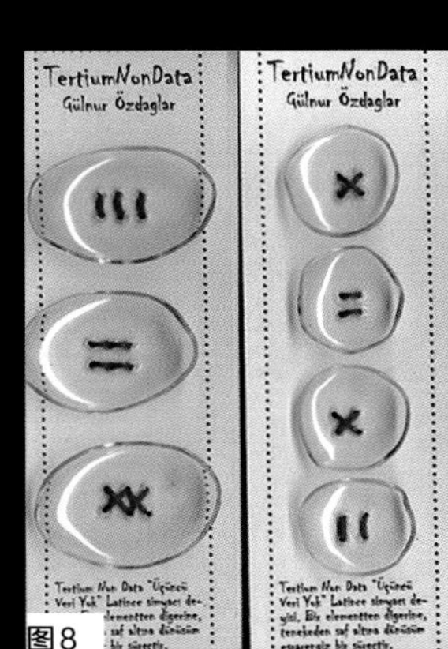

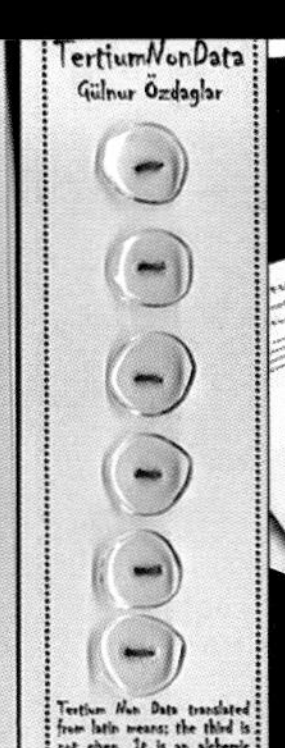

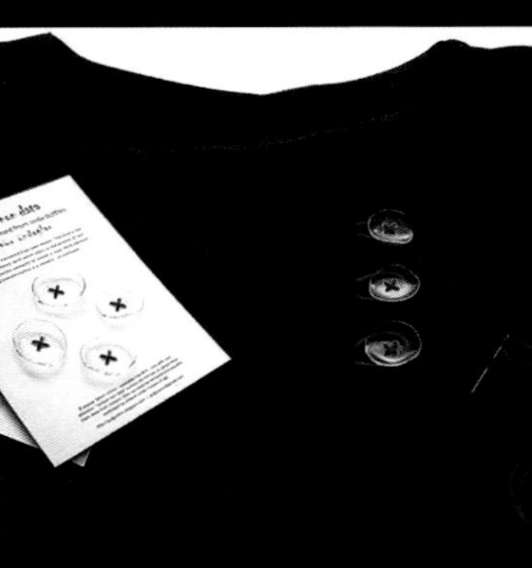

图8

第二节 生活的艺术｜撞色拼接

不知杯中的饮料是否会令你吞津止渴，婴儿手中的气球是否会令你想起童年，高耸入云的摩天轮又是否令你感伤初恋？无论你回答是否，它都给我们带来强烈的欲望与无尽的遐想。这种视觉冲击的产生与我们的视觉经验有着直接的联系。高纯度、高明度以及对比强烈的“撞色”组合都刺激着我们的感官神经，同时也强有力地传达了所要表现的内容。这就是色彩带给设计者的灵感。灵感并不只局限于某种实际存在的物体，色彩也是激发灵感的主要因素之一。色彩并无新的种类可言，是早已存在的客观现象，但是色彩之间的组合却千变万化。那么，如何才能将颜色搭配得张扬而不失和谐，甚至“撞”出令人惊叹的搭配呢？这是作为设计师必须思考的问题。撞色的含义有两种：狭义来说，撞色即补色，颜色对比最为强烈，给人最直观的感受；而广义来说，撞色为两种看上去差别较大的颜色，也可以理解为不是一个色系之间的颜色。服装设计中所谓的撞色，大多为广义的说法。在实际设计过程中，合理运用对比强烈的两种或两种以上的撞色搭配，能够既有视觉冲击力又具有强烈的美感。

图1

图2

图3

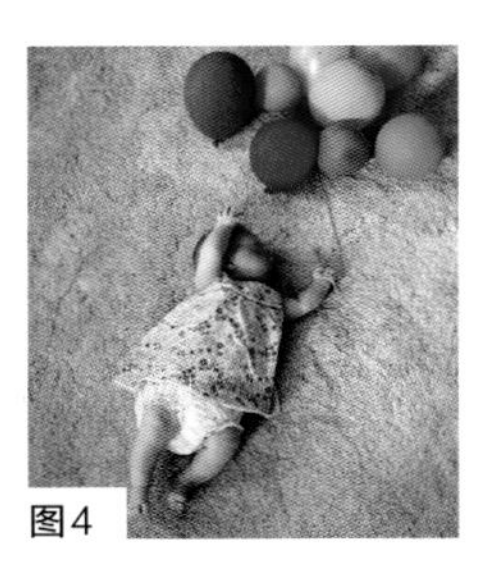
图4

图5

图6

在创意服装设计的配色中，运用“撞色”原理要遵循以下几个准则：（1）处理好色彩主次关系，保证整套服装的主体色调。设计时，色相的选用、明暗灰艳的处理都必须根据主色调配。（2）要保持色彩的视觉平衡，可以是对称平衡，也可以不对称。（3）注意色彩的呼应变化。成系列创意服装设计时需要同种或同类色的呼应，这能增加布局的节奏韵律感。可采用某个色块反复出现的方法，或使各种色彩混合同一种色素，从而产生内在的联系。（4）可运用与整体色调对比强烈的小面积点缀色，使整体配色生动，点缀色的布局位置和面积大小要恰到好处。在设计中有时色彩对比过强会使设计显得生硬呆板，用黑、白、灰（或金、银）色来作分隔色可使整体配色效果和谐、大方。

图7

图8

图9

图10

图11

图12

在奥蒂奇这组创意作品中，我们能感受到一种魔幻且带有一丝辛辣的视觉冲击，而给予我们这种感觉的原因主要在于色彩的碰撞。在整个系列作品中，我们看到了撞色在狭义与广义上的融合，设计者没有单纯利用某一种设计手段，而是经过综合考量后，设计出极具时代感和趣味感的创意服装。其中既有专业层次的“补色”原理，也不乏人们普通认知下的冷暖冲突，但它们并不是无思考或者无序地直接呈现于服装表面，而是经过设计者的推敲与实验得来的成果。这种实践性过程使设计者对于“撞色”运用有了全新认识，同时也符合前文所提到设计原则中的四点要求。因此，这就要求设计者对色彩的把控与驾驭须有自己独到的见解，但在这之前我们还需要多思考、多观察，将熟知的颜色以实验的方式进行调配与组合。这种看似重复的活动是不容小觑的，它对我们发现色彩、认识色彩、使用色彩具有很强的指导意义。

迈尔士·奥蒂奇（Miles Aldridge）作品

图13

图14

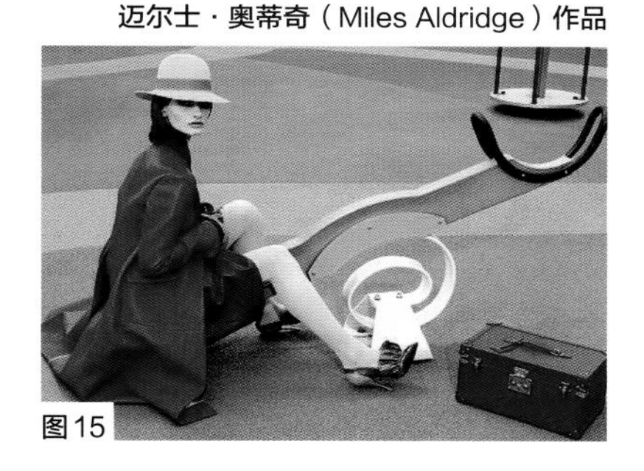
图15

思考与行动：

图16

大千世界，五光十色、绚丽缤纷的色彩使宇宙万物充满激情，生机勃勃。服装是时代的镜子，以其特有的角度映照出人类社会物质文化与精神文明的进步。服装色彩更是鲜明、强烈地给人以“先色夺人”的第一视觉印象，成为服装设计诸多因素中极其重要的组成部分。

“撞色美学”是当今社会生活中的一大主题，这对服装色彩提出了更高的要求。恰当的色彩搭配会改变原有色彩的特点及服装性格，从而产生新的视觉印象。请你：

（1）找寻身边或自然界中存在的和谐补色，用相机拍摄记录下来（要求10张）。

（2）在你拍摄的照片中，选择一张，运用其中的元素和色彩关系，手绘设计一组有关“撞色”灵感的创意服装。

第二节 生活的艺术 | 情境嫁接趣味

灵感往往“采不可遏，去不可止”，假如不及时捕捉，就会“跑”得无影无踪。而捕捉后，如果没有对诸多灵感进行必要的判断，则前者也无法实现，无计可施。通常对于灵感的判断要经历“漫想——找寻——记录——筛选——整理——判断”这一完整的实践过程。从无羁绊、不经意的想象到辐射全面，表达准确的判断是一个复杂且具有极强操作性的学习过程与经验积累，需要不断尝试与运用，才能驾轻就熟地达到对服装设计灵感的把控以及完成将灵感付诸现实的可能。以图1、图2设计作品为例，设计者先从生活中选择日常场景作为灵感，通过对场景再现的多种方式选择适合表现灵感的模式，这就是寻找与筛选的过程，继而经过设计者对选择模式的整理，再判断出适合灵感呈现的设计方案。看似简单的过程，但从实际角度出发，这是一个由想象到现实、由理想到实物、由设计到产品的真实环节与实际过程。

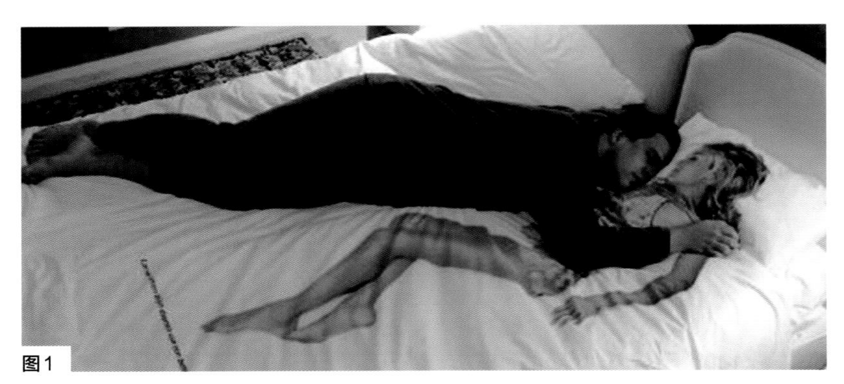

图1

图2

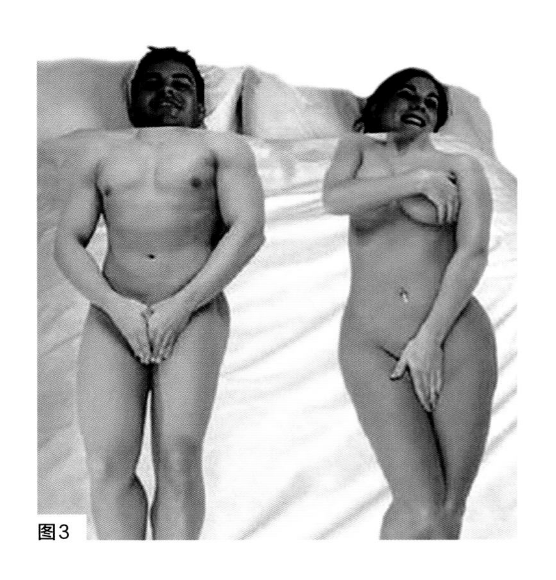

图3

充满创意乐趣的服装人体嫁接，也考验着设计师的审美品味以及大众对时尚的理解。透过富有创意的真假堆叠、长短相接的虚实关系，勾勒出俏皮、慵懒、性感的新风尚。

这种错位创意嫁接体现出平面与立体的层次感，真实与虚幻的冲撞感。因此我们可以大胆尝试：(1)款式的嫁接。(2)色彩的交融。(3)材质的错位。(4)风格的转移。(5)配饰的混淆。这样，不仅增强了服装的创意性，同时也会产生更多的服装风格与形式，丰富了消费市场，扩大了受众需求。

图4　图5　图6

依云矿泉水广告

依云（Evian）矿泉水除了拥有历史悠久的品牌文化外，在广告宣传上也从来没让我们失望。利用印有俏皮婴儿的T恤向世人宣布，保持永远年轻的秘密，健康与活力是它的主题，是非常清新的创意。可爱的婴儿T恤，让很多消费者都想年轻一下。T恤的设计者通过婴儿图案，实现对灵感独有的判断形式——借助平面构成中基本形的“正”“负”关系，形成一种易位差叠。在表现极强趣味性的同时，也传达出产品的内涵，这就是互动设计的优势，给人以亲切、信任感，同时在传播上也更为便利。因此，在对灵感实现判断的同时，更要考虑到使用形式是否贴近生活。

思考与行动：

面对新的市场条件，设计师如何应对创作瓶颈，寻求突破，进行商业化运作也在思考范畴之内。寻求对灵感的新判断形式，使其突破自身的局限性以满足市场需要。而情景嫁接互动式的设计就可以很好地突破设计中的短板，充分满足现代社会对设计的需求，增强设计理念，完善设计思维。

（1）拍摄5组不同对象的照片（如人物、植物、环境等），利用报纸、杂志中的照片进行嫁接拼凑，形成具有趣味性的摄影作品。

（2）利用本节中介绍的五种尝试方法中的三种，做尝试性的具有互动趣味性的设计（要求写出文案）。

图7

第二节 生活的艺术 | “发”散思维

在服饰文化中，无论是中国唐代变化万千的发髻，还是西方洛可可时期夸张高耸的战船式发型，都将发饰作为服饰整体塑造中重要的组成部分。由此可见，古今中外，头发一直是人们追求时尚与表现个性最自然又“做作”的素材。在服装设计中，使用动物皮毛是较为常见的，通常能够展示出高贵华丽、亲切细腻、细节丰富等风格特点。头发是身体上一个独具灵性的部分，既柔且韧，能穿越千年而不朽，如果能将剪下的头发纺成纱线，将是一种很耐用的材料。在创意设计中，灵感很多时候源于偶然，在特定的环境下，面对某种物体，经过巧妙结合达到理想的效果，这种效果往往具有独特和另类的性质，如将头发作为服装材料，给人以强烈的感知冲击，并使人印象深刻。

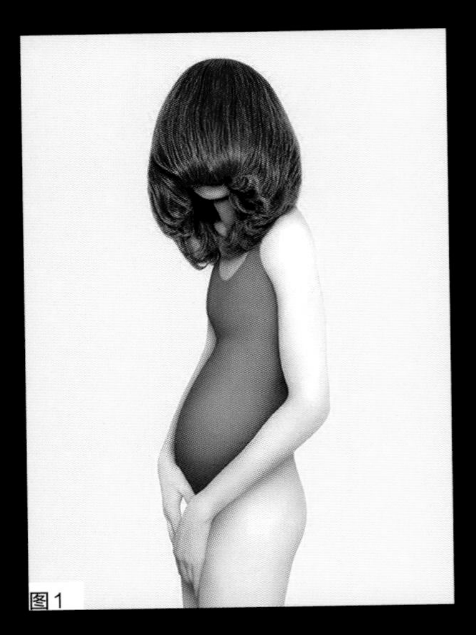
图1

图2

图3

图4

图5

英国女裁缝希尔（Hill）制作了一件结婚礼服。这件礼服价值5万英镑（约50.1万人民币），其最特殊之处在于礼服是由人类的头发编织而成。

戴珍娜·卡波珍（Dejana Kabiljo）设计的Pretty座椅系列，马尾毛以头发的形式出现，有的被制成厚椅垫，有的被制成吧台的高脚凳面，就连国际著名设计师菲利浦（Philippe）也对它们喜爱有加，把其中的吧台脚凳放在了贝弗利山庄的SLS旅馆酒吧里。

图6

图7

潘婷洗发水广告

“漂亮的头发就像漂亮的衣服”，这是潘婷洗发水广告策划中的一句经典广告词。而当模特把头发穿到了身上，你又会想到什么呢？头发是一种天然完美的服装面料，许多设计都以人类的头发为设计灵感。头发做成创意时装的思路就是最大亮点，其他动物的皮毛可以成就灵感，我们的又何尝不可呢？人类头发可以从美发沙龙等处收集，根据头发的长短，制作的时装也各不相同。当然，随着社会的发展与人们商品意识的提升，人类头发作为时装面料只能局限于创意之中。

事实上，各种材料都有各自独特的品格和特性，它是直接关系服装效果能否很好体现的物质载体，在服装设计中起着举足轻重的作用。材料一旦给你灵感，便可在创意设计实践中因“材”施艺，争取使现代创意服装设计达到材料与设计创新完美统一的境界。同时，材料与人的亲和力是人性化设计的一种体现，如同“头发”近于“肌肤”一样。

思考与行动：

头发除了使人增加美感之外，更有保护头部的作用，细软蓬松的头发具有弹性，其细腻让人为之动容，而质地粗硬的头发也有一种粗犷美。当然，头发除了作为身体的一部分，也被当代设计师作为最有性格的设计语言来传达设计思想。

请思考类似于头发这种被忽视的灵感材质还有哪些？头发可以给人以亲切感，你找到的材质可以给人以何种感觉？请用你找到的“新材质”设计一款服装，并制作成拼贴效果图（可参考全美超模大赛）。

图8

图9

第二章
形态与主题

形态是物体的“外形”与“神态”的结合。服装的形态包含两层含义：形，通常是指一个物体的外在形式或形状，任何物体都是由一些基本形构成，如圆形、方形或三角形等；态，则是指蕴含在物体形状之中的“精神势态”。服装的形态体现着时代风貌，许多成功的创意设计案例都取决于其形态的多样性，而形态的变化万千正是在不同的设计主题下操作而成的。

设计主题来源于生活中的方方面面，创意成功与否，是设计成败的关键所在。主题是设计的灵魂，是设计师表达思想情感的核心内容和前提条件。它的产生是设计师根据时代发展的各项要素形成的一项思维活动，这项思维符合人们的审美追求和意境再造。当然，主题的设置不能太大、太空泛，就像写文章一样，必须有一个中心思想，然后围绕中心思想层层展开，从而设计出形态万千、主题鲜明的创意服装。

第一节 用心去抚摸 | 透明的诱惑

荷兰设计师丹·罗斯格德（Daan Roosegaarde)以生活在中美洲和墨西哥的宽纹黑脉绡蝶，又名玻璃翼蝶(Greta Oto)为灵感，联合VR实验室制作了这套科技触感服装，只须轻轻一碰，这件衣服便会由黑色变为透明，甚至在镜头的闪光灯下，衣服也会变得毫无保留，其奥秘就在于服装的材质。通过薄如蝉翼的“智能箔片”交互技术，设计师从服装外轮廓及内在形态上给我们带来美妙的创意服装设计体验。

服装“形态”包含两层含义。“形”通常是指一个物体的外在形式或形状，任何物体都可看作是由一些基本形，如圆形、方形或三角形等所构成的；“态”则是指蕴含在物体形状之内的“精神势态”。形态是物体的“外形”与“神态”的结合。服装的形态体现着一个时代的风貌，映射着丰富的社会内容，同时也展露出服装的功能性和审美价值取向，是传达流行的重要指标和参照物。

图1

丹·罗斯格德作品
网址：http://c.chinavisual.com/2010/11/04/c73386/index.shtml

思考与行动：

二维空间与三维空间是一组不同的概念。从服装角度来说，有些服装本身并不具备三维空间形态，但经过人体的参与，由二维转换为了三维。通过对中西方两种不同文化的对比，我们发现不同文化背景具有不同类型的服装形态。

图2、图3通过平面图像展现出中西服装空间形态的不同，请你总结发展规律，讲解服装形态的含义。

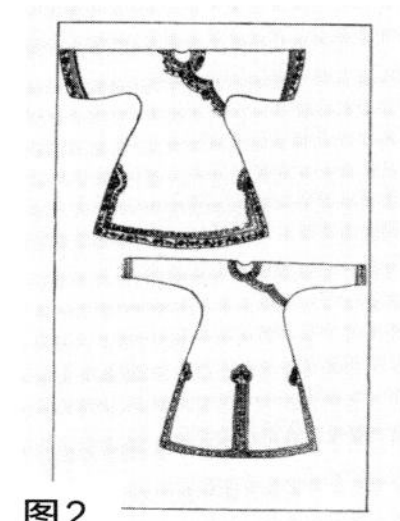
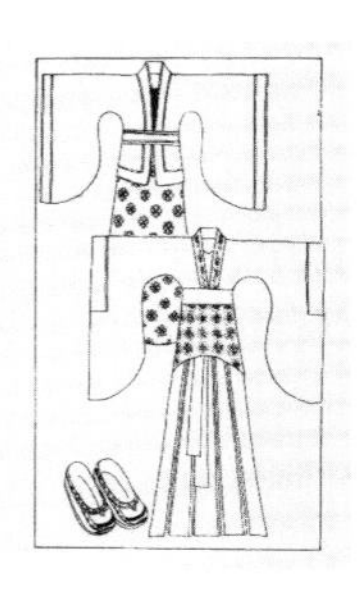

图2

图3

图4

加里亚诺的秀场一直是时尚界的一大看点，每次时装发布，他都能用天马行空的创意征服翘首期盼的时尚大众。迪奥2010秋冬高级定制发布会给人们展示了具有标志性的“郁金香廓型”时装艺术。服装造型以花朵为原型，服饰色彩运用高纯度的“颜料”，想要表现出花朵蓬勃的生命力。设计师不仅从外轮廓上追求其相似性，而且整个系列服装传达出的气氛，使你仿佛坠入花团簇拥的后花园，享受大自然给予人类的清透感与酣畅感。你感受到的是一种生命的美感，是加里亚诺赋予迪奥的一种新的精神理念，也是对服装形态两层含义的完美诠释。

对服装而言，任何服装形态都是一定空间构成方式的呈现，因为有人的参与，才使得二维平面转换为三维空间。即使如此，纵览东西方服饰，我们依然可以将东方服饰称为“平面构成”，将西方服饰称为“立体构成”。服装的空间形态是由外轮廓、内结构和零部件三大造型要素构成。所谓外轮廓即“廓型”，它是服装造型创意最重要的部分，也是服装空间形态的总体形象。中国受儒家文化礼制规范和传统观念的影响，平面构成的形式在中国服饰发展史上持续了上千年时间。例如深衣的“袖圆似规，领方似矩，背后垂直如绳，下摆平衡政权”，以符合规、矩、绳、权、衡五种理念的服饰造型观念影响着东方人对服饰的审美取向。而西方国家则以突出人体形态的服装为美，这种意识也一直影响着西方人的服饰审美取向。例如，法国设计师迪奥以其廓型创意一举成名，用A型、H型、O型、T型、X型等不同的组合作为服装造型的主要手段，以廓型的创意来决定服装的整体风格。

图5

图6

图7

图8

图9

艾里斯·范·荷本
2011秋冬高级定制秀，根据自然界中水花飞溅的美妙瞬间所创造的服装设计

思考与行动：

设计师丹·罗斯格德根据蝴蝶的透明翅膀为灵感，利用科技的手法赋予服装空间形态新的表现形式。设计师艾里斯·范·荷本（Iris Van Herpen）则利用水的波纹为创作要素，将水的形态以编织、盘线等手法运用到服装空间形态塑造上。

请你借鉴经典服装廓型，结合现代流行趋势，根据服装空间形态的含义，设计10款服装廓型。

第一节 用心去抚摸 | 呼喊的线条

形态是一切造型艺术借以表达感情、传递信息的重要媒介之一。如图1～图3所示，设计师贝亚·森费尔德（Bea Szenfeld）运用以线为主的构成方式，结合跳水运动服装的特点，将运动时的身体形态以及跳水瞬间所表现出的线条美作为服装形态构成的要素，创作了名为“海王星之女”（Neptunes Daughter）系列服装，将运动精神通过服装的形态语言淋漓尽致地传递了出来。

图2

贝亚·森费尔德作品
网址：http://www.szenfeld.com/2008/08/neptunes-daughter/ 图1

图3

图4

图5

在艺术造型中，线有位置、长度和宽度，具有高度概括性和方向性。直线给人坦率、平静、刚烈的感觉；曲线则富有自然美、情感浓郁的特点。线条变化是无穷的，不同的线条反映出不同的情感，例如，古希腊与古罗马人的服装，就曾在线条的运用上表现出对人性本身的向往，如图4所示罗马大围巾式服装。而中国服饰对线条的运用则追求服饰在随人体运动时而体现出的飘逸洒脱之感，如图5所示的顾恺之《烈女图》中描绘的东晋女子服装。

图6

图7

图8

图9

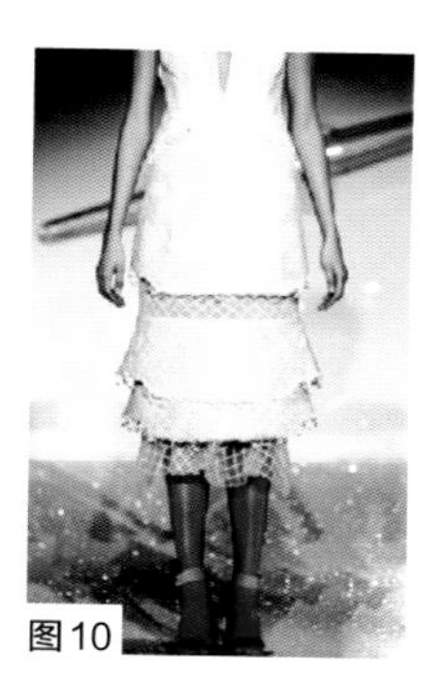
图10

服装空间形态三大造型要素中的内部结构是服装空间造型的特定表现形式，它由人体和人体动态规律而定。从某种程度上讲，服装的内部结构线加强并决定了服装外轮廓。服装的外轮廓主要由内部空间形态与有形的服装材料所占据的实体空间共同构成，服装内部结构赋予人体各种活动的可能，服装也因其功能性空间的存在而具备现实意义——给人以生存的可能、赋予生命活动的价值。

服装的内部空间可以概括为三类：生理空间、活动空间和装饰空间。例如，从图9～图11中，我们所看到裙底边设计与内部空间结构关系，便体现了不同服装的内部活动空间。

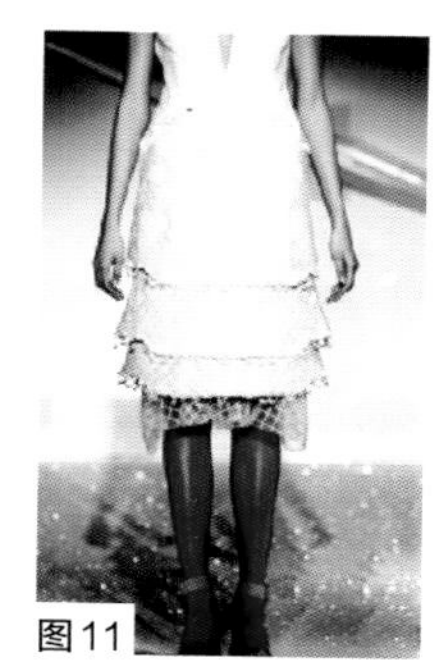
图11

服装内部形态的构成包括服装分界线、点线面的结合和镂空等，而线的运用是服装内部结构的重要设计元素之一。服装的线主要分为结构线、装饰线和造型线。结构线是服装构成的基本，如肩线、侧缝线等；装饰线是出于形式美的需要而运用到服装上的，这类线变化丰富，形式和运用部位不受限制，可以根据设计需要自由发挥；造型线是指由服装廓型线和面料受重下垂所自然形成的线条，这类线条形式会随着人体运动而变化。时至今日，服装内部结构经历了无数次发展与变化，新型服装材料、款式、结构层出不穷，服装内部空间形态更是千变万化。

运动元素作为时尚的新产物，使得服饰与运动的“感情”也不断升温。设计师贝亚·森费尔德从运动的律动中激发情感，对服装内部结构的构成形态进行创新，将服装空间形态中“线”这一内部形态夸张抽象化，通过运用线条的曲线美，使服装的外轮廓表现出动态之美。服装中的线与人体运动展现出外在空间与内在空间的互动性，给我们带来静与动的碰撞。

思考与行动：

服装设计中运用的点、线、面不同于数学概念中的点、线、面。它们有大小、面积、宽度、厚度以及形状、色彩、质地等区别。点在造型设计中是最小、最简洁的，同时也是最活跃的因素，具有吸引视线的功用。服装上纽扣、饰品的设计就属于点的运用。面的运用在服装设计上主要体现为服装空间结构和不同材质面料的拼接，其组合后的效果能够起到加强或柔化服装风格的作用。如图12为比利时安特卫普皇家设计学院2009届学生作品，设计师通过运用面的变换对服装内部空间形态进行重构，从而增强服装外部廓型的表现力，使服装失去随人体活动变化带来的飘逸感与柔美性，从而表现出坚硬、冷酷的空间感。

请你以服装空间形态的内部结构为设计重点，运用内部结构的构成方式，如服装的分割线、点、线、面或者镂空等，设计一套创意服装，将其服装形态以效果图表现方式呈现。

图12

第一节 用心去抚摸 | 蔓延·图色

服装的细节是相对于服装整体空间形态而言的局部形态，多以“零部件”的方式呈现。若说外轮廓和内部结构承载着更多约定俗成的形制，那对于零部件来说，这种形制的限制便相对较少。正是基于这样的优势，零部件常常成为整套服装的视觉焦点和创意亮点。服装零部件是对服装造型的细节补充，是为了加强服装空间形态而存在的。有了零部件，服装的功能与美才更加完善，流行元素才能找到合适的载体，设计师的创意也更能得到充分体现。随着时代的变化，零部件的创意设计愈发千奇百怪，使服装整体效果也越来越夸张。零部件的设计风格往往能够直接影响整套服装的风格。

服装的零部件设计涉及多个方面且种类丰富，概括来说可以理解为服装的色彩、图案，或者局部结构等一切非外轮廓及内部结构的服装形态。这些服装零部件通过将夸张、变形等艺术处理，为服装整体增添光彩，使其更具创意个性。如图1所示，设计师Berber Soepboer设计作品中的圆形图案和自由填充的色彩就可以看作是服装的零部件，设计师根据自己的想法自行对服装细节进行不同变化的处理，使普通的黑白连衣裙立刻充满趣味。

图1

Berber Soepboer作品
网址：http://c.chinavisual.com/2009/04/09/c56696/

图2

18世纪的洛可可风格女装，可以说是服装形态中零部件运用发挥到极致的体现。如图2所示，以其袖为例，可以看到该服装细节处理上的繁缛，袖口制作精致而复杂，并且带有饰边。戴翼的袖口发展至此已经为细丝褶边所取代，这种褶边通常分为两层，上层镶着金穗、金属饰边和五彩的透孔丝边……且不说服装结构上的夸张与面料上的精致刺绣，光是这些零部件的细节设计就足以体现洛可可时期帝王所崇尚的奢华与挥霍，极力追求繁缛精致、纤细秀媚，强调服装的艺术装饰性。同时这些细节特征也使我们了解到当时的社会潮流。

零部件作为服装设计表现形态的重要元素之一，不仅要充分发挥其对服装廓型和结构的影响力，同时也要注意避免因过度细节化而忽视整体服装形态，要做到细节与主体主次关系鲜明、视觉心理平衡。

图3

零部件对空间形态的补充作用经常被设计师特意强化或夸张，局部细节夸大成为整体造型的中心。局部细节被放大并且影响整体，这就使服装内部和外部空间形态都发生了变化，从而赋予服装造型全新的面貌。如图3模特服装中的大花朵装饰、腰上的伞状百褶裙、胸前的各类装饰物，都可以说是服装形态中的零部件，但它们在整体服装形态上的比重已经超过了外轮廓和内部结构的地位，因而起到了强化服装形态的重要作用。同时，作为细节补充，各零部件之间的组合也要考虑主次、内外和轻重的分别，有主次才能突出重点，内外有别才能体现层次，区分轻重才能平衡形态。

色彩是服装形态设计中的一个重要零部件，是设计元素中最具表现力的元素之一。色彩不仅可以强化服装形态效果，而且本身也具有很高的审美价值。色彩作为服装形态的细节，具有直观且生动地将设计师的想法或意念传达给观赏者的功能。如图4设计师就是将色彩这一零部件作为服装的重点，以渐变色搭配简单的服装外轮廓展示所要传达的创作思想。

图4

图5

思考与行动：

服装零部件要素之一——色彩能够产生不同的心理感应，刺激人的视觉感观。虽然色彩并没有什么好与坏之分，但不同的色彩具有不同属性。例如，红色、橙色常常使人感觉温暖，而青色、蓝色使人感觉寒冷；高明度的色彩具有轻薄感，而低明度的色彩则具有厚重感；纯色系及暗色系使人感到坚硬，而明度高的灰色系使人感觉柔软。虽然色彩只是服装形态的一个零部件，但不同色彩的细节处理却能够带给人们不同感官体验。例如，图6的系列服装，展示的都是具有相似外轮廓及内部结构形态的服装，但却通过不同颜色的配比，使每件服装所传达出的感受各不相同。

请你根据服装零部件在整体服装形态中的特征，分别以服装色彩和服饰局部细节作为服装形态设计的重点，以相同的服装外轮廓和内部结构形态为基础，各设计5款具有不同语言特征的创意服装并画出效果图。

图6

第一节 用心去抚摸 | 写意褶皱

外轮廓是服装形态构成的重要元素之一，设计师构思服装的外型结构是需凭借服装面料进行塑造的。面料外观效果不仅能够左右一件服装的风格特点，而且通过对服装面料的再加工和不同工艺手段的处理，其展现出的不同表面肌理效果也可以改变整个服装的造型和外观。其中褶皱处理就是一项重要的服装造型手段。不同的褶皱处理使面料产生不同的变化，给人以不同的视觉和触觉感受，如轻重感、粗细感、软硬感、厚薄感、凹凸感、体积感以及光泽感等，这些都有助于突出服装独特的造型风格。图1、图2是设计师乔琳·帕昂(Jolins Paons)的设计作品，以破旧报纸作为服装面料形态，通过面料再加工，运用不同褶皱表现形式创作的创意服装，使人感受到不同的服装质感。

乔琳·帕昂作品

网址：http://c.chinavisual.com/2009/05/19/c57814/

图1

图2

图3

图4

图5

图6

褶皱是服装形态构成的一部分，也可以看作是服装设计中的一种设计语言。服装式样随着褶皱变化而变化，不同的褶皱表现出不同的设计语言，其服装也会表现出意想不到的效果。服装如同音乐一般具有丰富的节奏：有规律反复、无规律反复、流动反复和放射反复。有规律的重复能给人以规则变化的愉悦感受，如图3服装中的规律褶裥，给人烂漫轻柔的感觉；无规律的重复是在方向上不定向、距离上不等距的重复，如图4由于方向、间距发生变化，引起视觉上不同程度的刺激，动感强烈；图5采用收线叠裥和皱波工艺，形成流线反复，采用中心收缩外围展开的放射设计；另外根据服装面料大小的不同，褶皱呈现出的形态也不相同，如图6。

图7

图8

褶皱的构成原理是指在服装造型设计中，通过重叠、排列、组合等技巧处理成平面或立体的形态，形成疏密、凹凸、起伏等多种运动性的变化。其中包括完整与集中的构成和变异与打散的构成。

完整与集中的构成是指在服装设计中，褶纹以直、曲线的变化聚集并组合排列成一个区域，形成一种完整的、有秩序的、有规律的装饰。此种方法在传统与现代服饰中都被广泛运用，如图7所示，古希腊服装全身自然舒展的褶纹造型，汉代女子“留仙裙”，以及图8清代马面裙等。变异，是指在服装设计中，褶皱在其基本特征形式上产生的变化；打散，是指褶皱分解，组合成新形式。在现代服装造型设计中，运用变异与打散构成的褶纹，可以改变服装款式中均匀、对称的单调布局，根据服装款式需要，形成辐射状、离心状、层次状和自下而上的多方向组合形式，从而形成一种独特的、新颖的服装款式。

图9

图10

图11

图12

思考与行动：

服装的装饰性和功能性是服装造型的两大要素，均融合在同一件服装上，在穿着效果上也是密不可分的整体。褶皱作为一种服装造型语言，既表达了服装与人体和谐统一的美感，起到装饰作用，又体现了服装于人体的功能性作用。图13为三宅一生（Issey Miyake）作品，设计师通过不同的褶皱效果处理，不仅展现出人体美感，而且传达出服装的功能性。褶皱作为服装形态表现方式之一，以它独特、易于变化的语言，形成立体构成空间，加强了“量”的感觉，增加了服装款式变化的表现力。

请你运用褶皱这一服装形态，并注意褶皱功能性和装饰性的协调统一，设计一套创意服装。

图13

第一节 用心去抚摸 | 烟絮迷娆

成功的创意服装设计是将服装与意境感染力完美结合在一起。这组“超级色彩”（Super Colour）创意摄影，无论是从人物神态还是环境色彩光影，都给我们带来非常柔美的意境感染力。这组创意服装的人物表情、姿态构成呈现出女性温婉、性感等情愫，而服装的形态则是使用具有流动感、光滑感的液体染料，展现出一种柔和的意境感触。整体来看，这组创意服装是服装材质的质感特征与服饰所传达出的情感意境完美融合的作品。

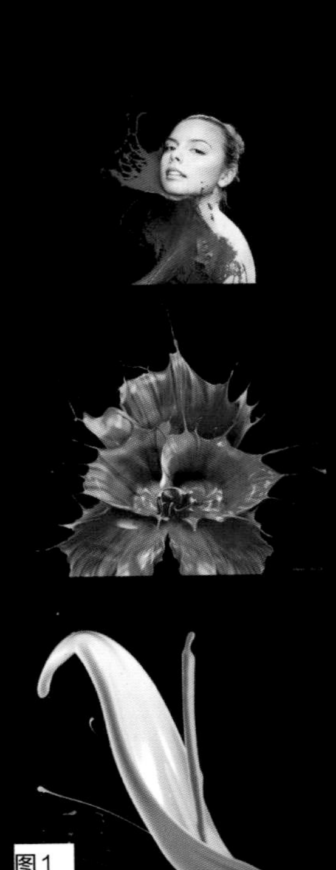

来源：海滨设计工作室（Riving Design House）
网址：http://c.chinavisual.com/2012/05/07/c81981/index.shtml

图1

图2

图3

图2和图3中Lady Gaga展示的创意服装是运用烟雾来突出服装虚幻缥缈的未来感，而图3是沙滩鞋的创意广告，它将水幻化成模特的服装，想要传达的也是一种舒适、轻薄、柔软的意境。创意服装意境化形态表现材质可谓多种多样，人工的、天然的应有尽有，金属、塑料、纸张、石材等无所不用。尽可能合理而有效地利用并表现服装的材质效果是创意服装外观特征形成的重要因素之一，因为每种材料都有其个性特征，不同材料特性所带来的感受也各不相同。

图4

图5

图6

创意服装一般是通过服饰的夸张造型、特殊材质、特殊工艺等方法来设计制作成非实用性服装，它主要强调的是夸张的视觉效果和别样的设计语言表达形式，传达设计者所要表达的主题思想。创意服装作为一种现代艺术形式，在现阶段其功能性和实用性已经被大大弱化，而以突出其创造性和艺术性为主。创意服装除了强调服装的视觉冲击力，实质上更注重意境传达，作品中所表达的意境感染力成为新的服装创意手段。意境在创意服装设计中可以通过精神层面的深化、具体表现形式的细化来实现。在创意服装设计中，色彩和形式美容易做到，面料形态却是创意设计的难点和重点。图4~图6中设计师使用油漆和粉末来完成的服装形态构造，是将非固态的物质通过艺术的创意手法形成具有意境感染力的服装形态。从某种意义上讲，这种非服装面料塑造的意境以其独特的表现形式成为创意服装设计新媒介。

图7

图8

思考与行动：

图7、图8是一组风格对比强烈的服装，材料、质感的丰富性使服装产生不同美感并体现不同风格。如各种梭织品、针织品、皮革、金属、羽毛、宝石珠片等的混合搭配。不同材质混搭带来柔软与挺拔、亚光与闪光、厚重与轻薄、粗糙与细腻的对比，不仅能表现出令人惊喜的色彩效果和丰富的质感，而且透过这些服装设计的基本构成要素，服装所形成的意境形态也各不相同。在服装创意设计中，如何准确地利用各种材料的质感特性，结合整体服装表达的情感意境，合理而和谐地搭配，充分展现各种质地魅力是创意服装设计的关键。

请你选择一种非服装面料的材质，通过对材质质感特性的分析和把握，设计一套具有情感意境的创意服装。

第一节 用心去抚摸 | 灵魂的外衣

创意服装设计是一门独立的艺术，但它并不是孤立的，它与其他艺术门类有着广泛联系，并相互影响。许多时装设计师在面对引起自身共鸣的艺术作品时，能及时捕捉到那些新思想和新形象，并以此为设计主题，设计出无数新颖且富有个性的创意服装。我们在设计过程中，可以借鉴姊妹艺术作为设计主题，以文化和艺术积累为创作源泉，进行重新思考和创作，从而激发创意服装的创作灵感。

以歌剧作为创作主题的创意服装设计就是其中之一。歌剧及影视作品素材源自生活，以人为创作语言，具有强烈的艺术感染力。在以角色扮演为主题的服饰设计中，除了追求视觉效果，更重要的是人物情感与设计相配合，充分考虑风格、色调、材质等因素对于服饰角色的诠解。如图1是艾伯塔省工艺与埃德蒙顿歌剧院合作理事会（The Alberta Craft Council in partnership with the Edmonton Opera）汇集不同群体的专业设计师和视觉艺术家创作的创新歌剧服装服饰。

主办方：艾伯塔省工艺与埃德蒙顿歌剧院合作理事会
网址：http://ullam.typepad.com/ullabenulla/2008/03/opera-coat-proj.html

图1

图2

图3

图4

图5

纪梵希（Givenchy）与奥黛丽·赫本（Audrey Hepburn）共同创造出了一个时装神话——“奥黛丽·赫本风格”，人们至今无法忘记赫本在众多影片和摄影作品中留下的经典形象。她美丽的剪影，完美地诠释了纪梵希时装的细致与高贵。赫本穿着黑裙在影片《萨布丽娜》中营造了一个清纯、典雅的角色，堪称世界电影史上最经典的银幕扮相之一。电影一经推出，以电影为设计主题创作的纪梵希小黑裙系列（图2）立即风靡全球，引起时尚人士的抢购风潮。影片中一款遮住锁骨的削肩晚礼服，被命名为“萨布丽娜露肩洋装”（图3），这种款式演变出来的礼服直到现在依然畅销。通过许多顶级服装品牌的新款礼服设计（图4、图5），依稀可见“萨布丽娜露肩洋装”的魅力及影响力。

戏剧服饰是戏剧灵魂的外在表现形式，以歌剧戏服为主题的设计往往会隐喻表达人物性格的成分。譬如《波吉与贝丝》中的波吉这一角色具有不羁浪荡的性格特点，在其戏服设计中往往会配以大红这样鲜艳的色彩，或设计高开衩、低胸的裙款；而《波希米亚人》中的咪咪（Mew）、《弄臣》中的吉尔达（Gilda）这样单纯、无助的少女角色，则经常配以较淡的色彩。而在柔弱的女主人公将死的场景中，白色往往是使用率最高的颜色。

图6　　图7

图8

思考与行动：

图9是国外设计师根据歌剧演员的表情为设计主题所创作的俄罗斯套娃。根据歌剧的艺术元素为创作主题的设计还有许多，通过借鉴其舞美、服装款式、色彩、结构、表演特色等，再加上设计师的奇思妙想，最终转变成令人惊叹的作品。

请你欣赏一些歌剧作品，如罗西尼《塞维利亚理发师》、莫扎特《费加罗的婚姻》，思考并分析其内容和时代背景，理解影片所传达的内涵，根据此歌剧作品创作一套创意服装并画出效果图。

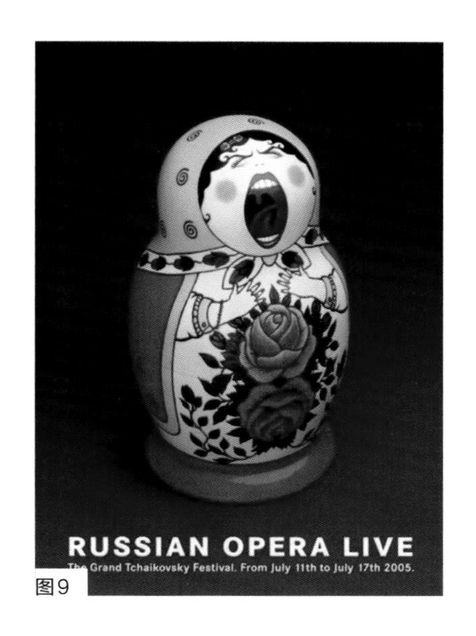

图9

第一节 用心去抚摸 | 色彩迷情

近乎全裸的模特、光影交错的欲望，在鬼才摄影师蒂莫西（Timmothy Lee）的镜头下若隐若现，令人浮想联翩（图2、图3、图9、图10）。在感叹的同时，不得不佩服蒂莫西对光线和色彩的运用。色彩的运用使服装具有鲜活的生命力，设计师运用色彩和光线变化，给我们带来新的服装表现形态。

中国服饰文化博大精深，服饰色彩始终贯穿其中并起重要作用。夏代崇尚黑色、商朝崇尚白色、周朝崇尚赤色、楚国流行褐色、魏晋时期则崇尚清淡、汉代流行红褐，并且还出现用于迎接气候时节穿用的“五时服色”：立春日，百官到东郊去迎春，旗帜、冠服皆用青色；立夏日，百官则到南郊区迎夏，穿用红色；立秋前十八日，是祭皇帝后土，服制用黄色；立秋日，百官到南郊迎秋，穿用白色服装；立冬日，百官到北郊迎冬，穿用黑色服装……由此可见，服装颜色代表着一个民族的审美观和思想情感，随时代和生活时尚变化而不断发展。色彩作为独立形态运用到服饰中，是现代创意服饰设计的全新表现形式。

图1

图2

图3

图4

思考与行动：

从民族文化遗产来看，欧洲贵族喜欢用红色与金色组合。例如，意大利时装大师瓦伦蒂诺就曾使用纯正的大红色设计大量礼服，从而使得这种大红色获得“瓦伦蒂诺红”的美誉（图4）。东方民族偏爱红色等暖色，认为它给人类带来光明与吉祥之感，所以在中国各代服装上几乎都能见到红色。

请你模仿蒂莫西和瓦伦蒂诺的设计作品，把色彩以独立的形态运用在服装上，设计一套服装并画出效果图。

图5

图6

图7

图8

图9

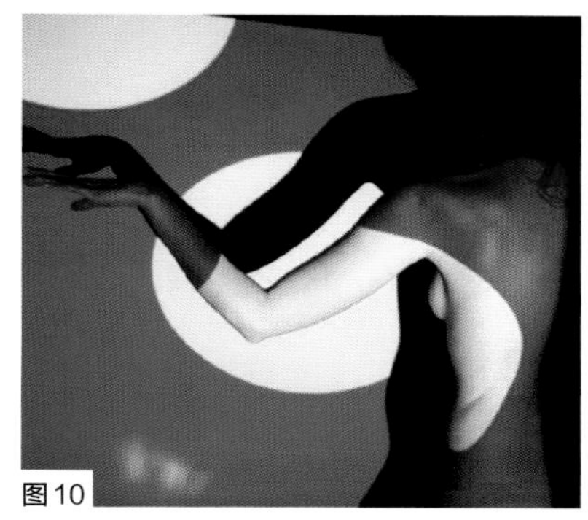
图10

蒂莫西作品

色彩是服饰形态设计的零部件之一，服装色彩设计的第一步是服装色彩的采集，而色彩可采集的素材非常广泛，可以借鉴民族文化遗产，从原始的、古典的、传统的、民间的、少数民族的艺术中寻求灵感；可从美丽丰富的大自然、异国他乡的风土人情、各类文化艺术和艺术流派中猎取素材。第二步是色彩重构，是对所采集的色彩素材进行分析、概括，并提取契合设计意图的色彩结构，将原来复杂的图形概括为几何形，从色彩的总体需要展开取舍与合并；或寻找采集图片与设计物之间意义吻合的相似性、内在关联性，在似与不似之间组成全新的结构与色彩。在创意服饰形态塑造上，我们可以按照这两步来将色彩作为独立元素进行的设计。

思考与行动：

在世界各民族中，美丽动人的异域色彩及独特的民族颜色总是令人印象深刻，如古希腊冰冷的大理石色调、罗马帝国浑厚温暖的颜色、阿拉伯闪亮的宝石色彩……组成一部斑斓的色彩库，使人们在色彩的海洋中自由遨游。

（1）请你再找出几个代表某个国家特征的色彩。

（2）根据你找到的资料，分析一下这种色彩流行的原因。

图11

第二节 方与圆的对话 | 夏日风情

如图1~图3所示，瑞典时尚设计师贝亚·森费尔德创作的海洋风情创意服装，以鱼鳞状亮片、巨大圆形珍珠、代表海洋的草帽、海草等作为设计主题创作元素，将海滩风情形象地展现在观众眼前。设计师通过外型、材质、颜色等表象信息，将情感作为服装主题，使服装成为情感的载体，不仅使人在看到它第一眼时就通过情感感触与服装产生共鸣，而且也能够促使我们更深入了解服装设计主题。

贝亚·森费尔德作品

图1

图2

图3

图4

情感倾向的主题具有无限活力和丰富内涵，这也是最能吸引观众的因素之一。这要求设计者一要有生活的真实性感受，二要有情节选择的情趣，三要有造型效果表现的深度与力度。真实的生活感受与情节选择的情趣是服装形象构成的源泉，这要求设计者在生活中要具有捕捉情节的敏锐性。没有真实感情，艺术的源流便会枯竭，没有情感捕捉的敏锐性，设计的本质便不易被发掘。除此之外我们还要善于在人们司空见惯设计的主题上发现新的创意，赋予设计主题新的生命力。

图4是富弘河野（Tomihiro Kono）制作的纯手工发饰。设计师富弘河野擅长利用羽毛制作各种饰品，他使用的材料都是不相同的，并根据材料的不同特性融入不同感情因素，所以他的作品大部分是独一无二的。另外，他的作品看似非常脆弱，但却令人爱不释手，并从他的作品中仿佛能够感受到一股黑暗的势力，让人体会到设计师所感受的生活。

图5

图6

图7

图8

图9

主题是时装设计的灵魂，是设计师表达思想情感的核心内容和前提条件。它的产生是设计师结合整个时代发展的各项要素，并通过对某些局部因素的看法所形成的一种思维活动，而这种思维又符合人们的审美追求和意境再造。服装主题是一种设计语言，这种语言主要通过时装款式、色彩、面料等因素的组合形式传达出来，并体现出设计师对特定理念的表现和对时代审美的感悟。随着现代社会科技和文化高速发展、各种工艺水平的提高和现代艺术流派的影响，根据现代服装设计的审美倾向分析，服装艺术设计主题可概括为文化的呈现、自然的回归、情感的倾述、抽象的构成和科技的表现五个部分。

其中情感的倾述是服装设计中普遍且永恒的主题。如亲情、友情、爱情，甚至一种日常感觉都可以作为服装设计主题。特别是在高度发达的工业社会，人们似乎更需要富有情感的设计。设计师贝亚·森费尔德通过在服装设计中将自己对海洋、沙滩的情感因素物化，利用服装外轮廓、内在结构和零部件的表现将情感定格。这种情感主题的服装设计不仅表达出设计师的个性，并且服装中也流露出极为丰富的情感。

思考与行动：

设计师在创作时，由于不同情感因素投入、不同创作处理手法，最后创作的作品所体现的也是不同设计主题。图10是摄影师菲利波·德·维塔（Filippo del Vita）名为“夏日风情”的摄影作品，摄影师通过模特热情夸张的动作表现、色彩艳丽的妆面、飘逸透薄的服装以及似乎有风吹动的布景效果，传达出一种令人愉悦、倍感夏日热情的情感。这种造型的表现效果不仅突出了服装的主题、传达出设计师的审美感悟，并且其表现形式也更易被大众所接受。

请你将生活中的某一情感因素，如悲伤、高兴、激动或者忧郁等，作为设计主题，通过廓型、结构、色彩或装饰物等创作处理手法将这些情感物化，设计一系列创意服装并画出效果图。

图10

第二节 方与圆的对话 | 追溯波普

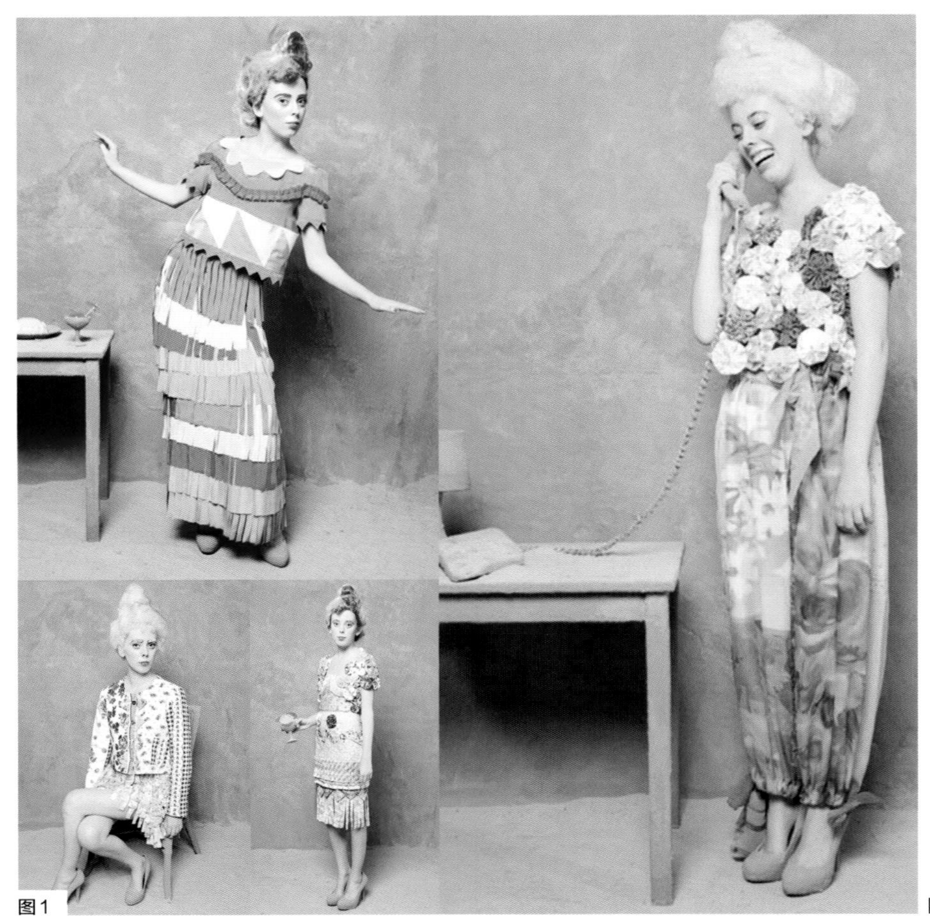

图1　阿鲁哈作品

图2

除了选择波普艺术作为服装设计主题，还有许多艺术风格都可以被我们选择，例如欧普艺术、嬉皮艺术、朋克艺术、未来主义，甚至近两年来十分流行的波西米亚风格等。欧普艺术也称为光效应艺术或视幻艺术，在20世纪20年代，主要以黑白形式出现，到20世纪60年代初才加入色彩。而以欧普风格为主题的服装主要利用了光效应原理，通过几何图案和色彩对比造成各种形与色的转变，使人产生错觉。在服装面料设计上，通过把简单的点、线、面以一种产生视觉运动的形式排列起来，获得搅乱视觉的三维效果。意大利设计师埃米利奥·普奇（Emilio Pucci）的服装就是在简单的服装款式上将明亮的色彩、欧普式的几何印花图案、柔软的丝织面料等设计元素交织融合，既具有前卫的摩登感，又充分展现了欧普艺术的风格特征。

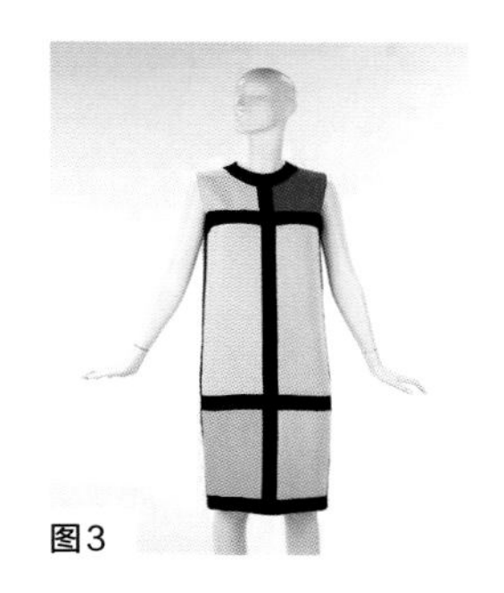
图3

图4

图5

图6

图7

服装艺术设计主题概括起来包括呈现文化、回归自然、抽象构成、抒发情感、表现科技五个部分，从中我们能够大致了解不同时期人们的生活、思想、情感及社会文化的情况。就此看来，服装设计中主题往往受到某种文化思潮的影响，如波普艺术、欧普艺术，波西米亚艺术等。纵观服装史，我们会发现服装与艺术流派之间存在密切联系。设计师们在服装设计中刻意追求某种艺术风格，将艺术元素渗透到服装中去，使服装成为具有特定风格主题的“艺术品”。

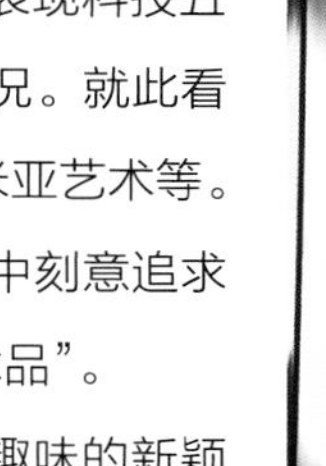
图8

波普艺术最早源于20世纪50年代的英国，其设计风格追求大众化，强调设计趣味的新颖与奇特，充满了对传统的反叛。波普艺术表现在服装设计中，通常打破追求完美、简洁、高雅的传统设计，在设计手法上多采用拼贴或者批量复制的手法，增加服装多样性和趣味性。在设计实践中，主要从色彩、图案、细节等入手，通过对服装细节的解构设计以及单品服装之间的搭配组合，营造出时尚年轻、个性前卫的服装样式。时至今日，以波普艺术思潮为服装设计主题，在材料选用、图案设计、款式设计甚至服装的种类等方面都有重大而深远的变化。设计师阿鲁哈设计的名为“童趣”的创意服装，很明显也是以波普风格为创作主题，利用柔和可爱的色彩、花边及装饰物的拼贴营造出极具趣味性和反常规的波普精神（图1）。服装设计师伊夫·圣·洛朗（Yves Saint Laurent）在1965年秋设计的蒙德里安系列服装（图3）首次将波普风格作为服装设计主题。从此之后，越来越多的设计师将波普艺术风格作为设计主题，例如英国设计师菲利普·科尔伯特（Philip Colbert），他所设计的品牌罗德尼克乐队The Rodnik Band推出了闪耀的维纳斯（Venus in Sequins）系列（图4、图5），整个系列以波普设计概念为主题；意大利著名服装品牌米索尼（Missoni）更像是波普时装的代言人，2011年早秋时装发布会中波普风格的时装几乎占了半壁江山，抽象的几何纹样和艳丽的色彩对比拼接无不展现波普文化的魅力（图6～图8）。

思考与行动：

现在的流行服饰与穿着，追求绝对自由与十足的个性，服装主题也是风格迥异，例如未来主义、复古风潮等，其中民族风格也可以被包含在服装设计的主题之下。如图9所示，路易·威登（Louis Vuitton）2011年发布会上展示的服装，让我们可以清晰感受到这季秀场的主题是根据中国元素创作的。中式长褂、旗袍、立领以及对襟在西方设计师的手下带来中西合璧的新艺术风格。新艺术风格与形式极易产生新的设计观念，而新的设计表达形式也成为新艺术形式产生的契机。将艺术元素渗透到服装中去，并利用解构、装饰等手段，反映出当代审美取向。

请你借鉴大师们对艺术风格的解析手法，选取一种设计风格作为自己的服装设计主题，并列出这种艺术风格在服装设计中所运用的元素、设计手法等，创作出3套创意服装。

图9

第二节 方与圆的对话 | 凹凸

在设计最初阶段，如果没有内在结构支撑，那么服装外轮廓就只是一个简单的二维平面。随着设计元素的增加，服装形态就会越来越丰富。在设计过程中，我们需要通过一些设计手法对面料、色彩、纹样等元素进行加工，将二维平面变为三维立体空间。阿巴帕瑞特设计的这款具有特殊凹凸质感的服装，就是通过折叠的设计手法将毫无立体感的面料创造出三维立体效果。在灯光照耀下，呈现出不同光影效果，突显服装的立体感。

阿巴帕瑞特（Alba Prat）作品

图1

图2

除了在服装领域，折叠手法在其他设计领域中也经常被用到，如鞋子、包、头饰等。这些设计作品使用的材料除了纸张、面料之外，还有其他材质的加入。如图2中的鞋子是利用类似橡胶的材质和木质鞋底搭配制成；手包的款式直接以纸张的折叠为创作元素，使用皮革为面料制成。这些作品都不局限在类似纸张的材料上，而是在寻求不同质感的材料带来的不同折叠效果。丰富的材料运用使设计作品的形态锦上添花，不同的材质语言也使作品的内涵更加丰富和耐人寻味。

图3 图4 图5 图6 图7

折叠处理手法可以丰富服装形态，或许我们可将其视为是把面料当作纸张，通过纸张的折叠变形转化成新的服装形态。早在文艺复兴时期，这种设计手法就被运用在服装设计当中，比如拉夫领——将一块细麻布或棉布裁成条状并上浆，干后折成褶状用圆锥形烫斗定型。拉夫领的流行不仅说明人们已经开始使用折叠的设计方法来丰富服装造型，而且表现出文艺复兴时期人们对于服装形态多样性的追求。不同折叠手法所带来的服装形态设计语言也是丰富多彩的。例如，方形、三角形、直线的折叠效果，给人以坚硬、理性的感受；圆形、曲线的折叠效果，给人柔软、感性的感受。设计师普拉特（Pratt）和国际设计师拉尔夫·普希（Ralph Pucci）联合创作的纸质折叠服装（图11、图12），通过折叠后所形成的形状轮廓，服装呈现的是一种浪漫情愫；再如图13、图14中的服装作品是由毕业于英国伦敦中央圣马丁服装学院的设计师加雷斯普（Gareth Pugh）所创作，透过棱角分明的面料折叠手法，服装形态传达的是武士坚硬不催、威猛善战的情感特征。

图8

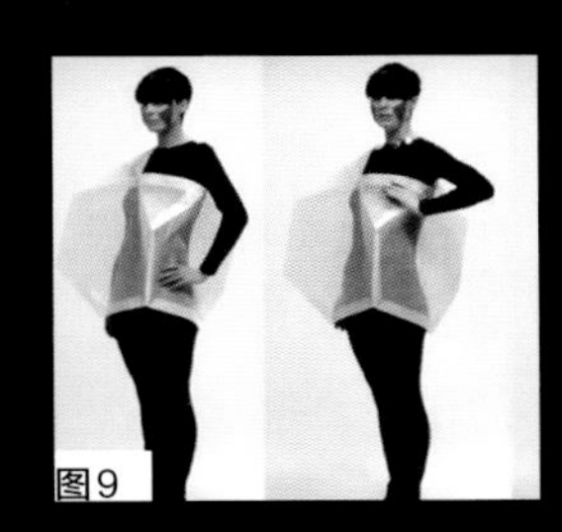
图9

图10

图11

图12

图13

图14

思考与行动：

如图15所示，是迪奥2007年“加里亚诺的艺妓”春夏高级定制时装发布会中的服装。这季的服装大量运用折叠的设计手法，将面料视为纸张的形态进行各种折叠，把折叠的创作手法运用到极致。此外，设计师在服装中运用不同的折叠方式，使每套服装都有各自的情感表达。

请你运用折叠的设计手法，以纸张为设计材料，参考迪奥服装中的折叠方式，创作一组具有情感对比效果的1:5大小的创意服装小样。

图15

第二节 方与圆的对话 | 软硬攻势

在服装材质的选择上，设计师们往往不愿遵循常规，反而要逆道而行。一些材质的固有形态经过设计师的创意也可以以相反的形式呈现。例如，服装设计师们将轻薄柔软的面料展现出厚重强韧的质感，将原本硬挺的面料展现出轻盈的形态。如图1~图3，俄罗斯艺术家维纳拉·卡萨洛娃的这一组前卫设计结合了对纸张和织物的热爱，并将聚乙烯融合于设计中，创造出独一无二的耐磨服饰。在设计师的鬼斧神工下，创造出一幕幕令人惊叹的童话与梦想。

图2

维纳拉·卡萨洛妮作品

图1

图3

图4

图4是设计师凯特·丝蓓（Kate Spade）在纽约推出的20款剪纸假发中的作品，这些作品根据巴斯曼海风吹拂头发的照片为创作元素，同样是运用材质对比的视觉反差，将较硬的纸张形态与柔软飘逸的发丝相融合，给我们带来身临其境的心理感受。在服装设计中，这样的形式还有许多，通常这类创意设计首先要选取一组看似具有相反形态的设计元素，然后经过设计创作，改变其原有的形态而呈现相反的趋势。此设计将纸张修剪为具有柔软曲线感的形状，再经过对动感形态的模仿，使原本较硬的纸张改变本身形态，呈现出飘逸的动感。

图5

图6

图7

图8

服装面料的重塑与创新是创意服装设计的重要表现形式。早在20世纪七八十年代，西方和日本的设计师就把后现代艺术和解构主义观念融入到材质的创新中，使服装艺术发生革命性变化，一些惊世骇俗、另类的设计不断冲击着大众眼球。这类打破材质固有质感，将其以相反形态展示出来的处理方式，是现代设计师常见的选择，其服装形态给人们一反常态的视觉反差感，以新的、自由的方式为人们诠释创意服装设计。首先，我们要了解服装各种面料的视觉形态，不同性质的材料或不同形态的材料会呈现出不同的视觉性能特征，并给人以不同的视觉感受。在这之后才有利于我们发现其相反方面的视觉特征，用于创意服装设计当中。细分来说，面料的视觉特征包括体积感、物理量感和心理量感。体积感是指面料形态体积越大，所占空间位置越大，给人的体积感越大，反之则越小。物理量感可以概括为质感、厚薄等，心理量感则包括色彩、图案、肌理等因素。

图9

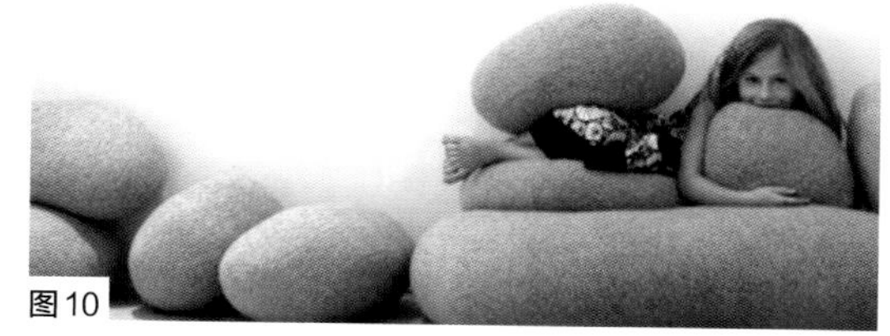
图10

摄影师：马修 · 布罗迪（Matthew Brodie）
配件编辑：娜塔莉（Natalie Manchot）
艺术指导：海蒂 · 纽曼，马修 · 布罗迪（Hattie Newman）&（Matthew Brodie）
化妆：芭芭拉（Barbara Braunlich）
发型：平野启一郎（Keiichiro Hirano）
模特：汉娜 · 哈代（Hannah Hardy）
网址：http://c.chinavisual.com/2011/12/07/C79975/index.shtml

思考与行动：

如图11所示，模特所展示的创意服装是将轻薄的面料形态设计成棱角分明且具有坚硬外表的服装。设计师只是在裙摆里加入了一些支条，柔软的面料似乎就变得厚实起来，一个简单的创意就改变了服装面料原本的形态。除了面料软与硬的对比，还有许多其他元素的感知反差，如色彩的对比反差：红色一般是热情、兴奋、温暖的代表，图12所示的服装色彩与狰狞的怪兽面孔，成为一对极具视觉反差的设计元素，进而改变了色彩本身的情感形态。

请你找到一组具有视觉反差感的设计元素，通过面料、款式或色彩等服装形态的对比，设计一套创意服装并画出效果图。

图11

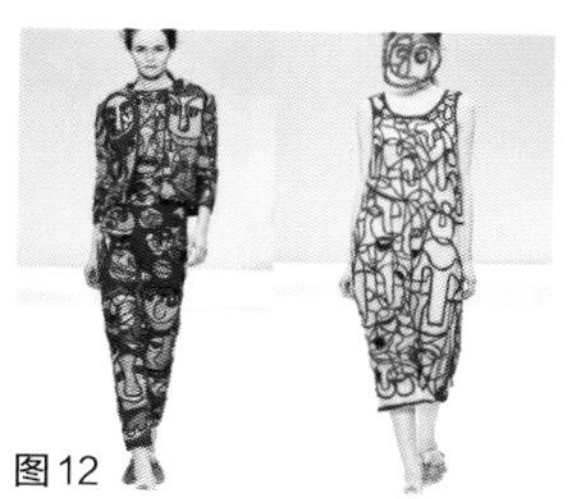
图12

第二节 方与圆的对话 | 环日

斯鲁里·雷切特作品

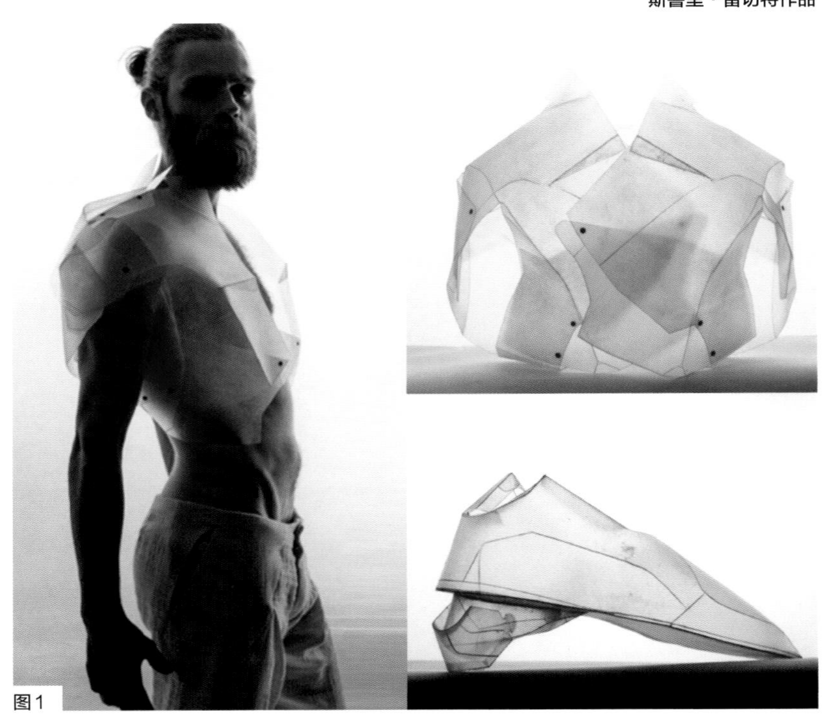
图1

在服装这个华丽的大家庭里，皮革服装以其特有的风姿独放异彩，丰富和美化着人们的生活。人们在选择皮革服装时，往往更注重皮革服装的舒适性和保暖性。而随着社会的发展，皮衣的形态已经不能满足人们对时尚的追求和个性的体现。如图1所示，冰岛设计师斯鲁里·雷切特（Sruli Recht）的创意皮革设计不仅改变了服装的款式变化，而且运用特殊的面料改造方法，将小羊皮处理成为透明质感，并由高科技石蜡冷却技术缝制。设计师将这系列创意服装名为“环日”，其作品包括背心、鞋等。羊皮质地柔软、延伸性大、皮面细致美观、纹理平滑、花纹凹凸明显，同时有很好的立体感。将小羊皮进行透明处理后，透过小羊皮使得人体的线条和肌肉更加突显，服装形态与人体空间也更加呼应。

图2

在遥远的古代原始民族，皮质服装不仅仅是日常服饰那么简单。彝族的羊皮皮衣除了御寒之外，在当地也是财富、生命吉祥的象征。服饰作为一种文化现象，集中体现了一个民族的生活习性和审美情趣。彝族羊皮褂同彝族的历史一样悠久，起源于古代氐羌族群，由于羊皮褂在彝族所处的地理环境和社会环境所具有的特殊功能，它伴随彝族社会历史发展一直存留至今，成为彝族历史的一个民俗物证。在云南丽江，虽然快速发展的经济、文化和旅游业已使小小的古城名扬内外，但丽江地区少数民族每逢过年过节仍以羊皮坎肩作为男性盛装来展示彝族的民族特色。位于丽江孙老君山麓一带的傈族、彝族、白族人，至今平日里仍十分喜爱穿羊皮褂。这种用羊皮做成的皮褂，被他们称为当今最好的“皮衣”。由此我们可以看到，不同时期、不同民族、不同文化下产生的皮衣所蕴含的服饰文化也是多彩多样的。

皮革服装的设计有三要素：色彩、款式和材料。在皮革服装设计中，除了强调皮革色彩设计的对比与调和，材料、工艺和结构等元素也是设计中的重要部分。色彩、款式、材料三要素既相对独立，又是有机的结合体，变换其中任何一个元素都会呈现不同的服装形态。由于皮料的柔软性，要想达到立体效果就要在结构设计上多做处理，设计师斯鲁里·雷切特就在面料处理和服装结构设计上使整个服装呈现立体形态。在原古时期，许多民族运用一些兽皮作为遮体取暖的材料，现今的皮衣设计则是将设计师的独特创意思维与材料特性相结合，使服装设计的个性思维与服装外在形态达到较好的统一与协调。

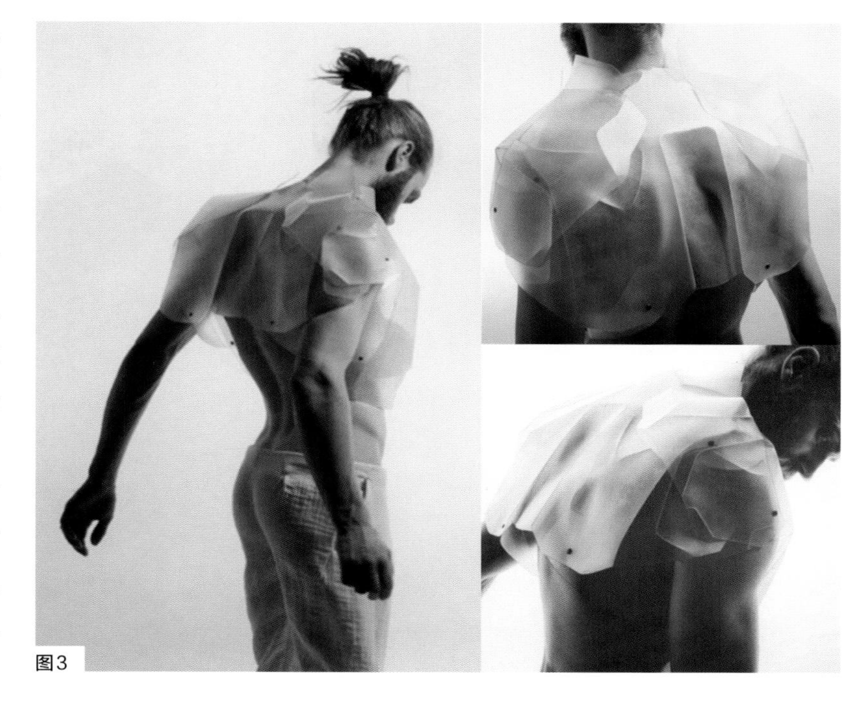

图3

皮质材料的创新，要根据皮料的特性来加工处理。皮料的常见处理方式主要有雕刻、压花、抽褶、明线缉缝、装饰线接缝、绗缝、皱缩缝、烫金、刺绣、编织等。将面料的性能和人们的审美观念结合后，皮革面料的创意设计手法变得异常丰富多彩，它让设计师不再被动地受材料局限，同时使皮革服装的审美不再限于传统的高贵、典雅，而变得更加时尚、更加具有亲和力。

思考与行动：

随着人类跨入新世纪，皮衣设计越来越具有时代美感。皮革、毛皮在拼接运用、款式设计上不仅吸收了传统服装特色，而且具有时代感，充满个性风范。当代的设计师将绚丽多彩的幻想交织在一起，把传统沉闷的色彩抛去。经过一个世纪的历程，似乎要抛开灰色理论和固有的款式结构，充满自信地开拓属于自己的广阔空间。现代不对称的装饰手法结合面料的材质和色彩，将原本暗淡的皮质变得生动高贵，体现出现代人追求个性、自我的独特魅力。

请你选择皮革服装三要素之中的一个或两个，改变以往的服装款式、面料特点或色彩模式等，设计一套突出自我个性的皮革服装并画出效果图。

图4

第二节 方与圆的对话 | 气球联想

图1

图2

图3

图4

图5

意大利版*VOGUE*中珠宝大片

图10

图11

图12

日本气球艺术大师Rie Hosokai一直醉心于气球艺术并积极推广于时尚产业，此次设计的创意服装是以气球的圆形作为服装设计的廓型，从另一个角度扩大了圆在服装设计中的运用。自古以来，圆形被广泛运用于服装领域中。周代冕服上，就出现了大量使用圆形的十二章纹；汉魏时期的衣式明显宽博，男子多褒衣博带，女子则大袖翩翩，服装整体外观线条自然、流畅，可见其圆润秀丽之象；唐代织物纹样中的联珠纹及团窠纹精致而华美，也是以圆形为基础，具有清新、富丽的艺术风格；元代统治者喜欢用金，织金锦的花纹有团龙、团凤、宝相花、龟背纹等，无一不是以圆为设计基础；在漫长的华夏服饰历史中，我们不难发现圆形的运用广泛而灵活。服装是一种综合性艺术，体现了材质、款式、色彩、结构和制作工艺等方面结合的整体美。在服装设计中，圆形以其流畅自然的造型、富有张力的线条和高度的象征内涵，将廓型、面料、色彩等元素多元化组合，而多种圆形在服装中结合表现，会使服装呈现出更多变的特征，层次更加丰富，从而表达更多样的视觉效果和心灵感受。

图13

思考与行动：

服装造型艺术中的圆形从外型上可分为两类：一类是圆的轮廓由明朗的几何线条构成，简洁、规范，装饰味道浓厚；另一类是圆的轮廓由任意线条构成，这种圆的轮廓线不一定平滑，但整体仍是圆的造型，这类圆形态亲切、活泼、有聚有散、自然味道浓厚。如图14所示，这组名为“空降者”的国外创意服装设计就是以圆作为创作手段，不仅在形态上塑造了圆形廓型，还通过服装展现出女性的柔美曲线。哲学家黑格尔（Hegel）曾说过“美的形体就是最率直的圆周式的布局”，因此，服装造型艺术中圆形设计可被视为是表达女性“曲线美”的有力方式之一。服装设计中丰富的曲线变化，也体现了圆形在服装造型中的广泛运用。

请你以圆形为基础设计一套创意服装，并画出效果图。

图14

第三节 阴阳共生 | 轮胎铠甲

在现代服装设计中，面料逐渐成为服装形态构成的主要元素。面料形态设计不仅是材料风格的再现，还是服装设计师观念的传达和个性风格的表现。高科技的迅速发展也为服装面料形态设计和加工提供了必要条件和手段，使设计师的灵感和创作变成现实，帮助设计师追求独特的个性风格。设计师Goodyear Dunlop和摄影师卡尔·伊莱克（Carl Elkins）联合创作的这组轮胎时尚大片，将黑色坚硬的工业轮胎曲折环绕于模特柔润的曲线上，工业橡胶的平直感给我们带来令人赞叹的极具现代感而又不失优雅的服装形态。

图1

图2

图3

Goodyear Dunlop作品

图4

面料形态的风格会直接影响到服装设计的艺术风格，不同形态的面料给人以不同印象和美感。我们在服装形态的构成过程中，要把握面料内在特性，以最完美的形态展现其特征，从而达到面料形态设计与内在品质的完美统一。面料形态设计常用的方法有以下几种：一是面料形态立体设计，一般在服装局部或整体面料中采用堆积、抽褶、层叠、凹凸、褶皱等方法；二是面料形态增减设计；三是面料形态钩编设计；四是面料形态综合设计。如图4所展示的创意服装，设计师在进行面料形态设计时采用剪切、叠加、绣花、镂空等多种手段，同时灵活地运用这些设计表现方法使面料表达更为丰富，进而创造出具有丰富多彩肌理和视觉效果的服装。

图5

图6

图7

面料形态具有丰富的内容，如肌理、质感、光感、弹性、悬垂性、纹样、色彩、硬软、厚薄等。硬的服装形态可以用硬挺面料实现；软的服装形态可以用柔软面料实现，例如呢质地能冲淡黑色给人带来的寒冷、坚硬的感觉，显得丰满柔软。同样为黑色面料，不同面料形态有不同的设计语言，例如绒织物的黑色由于质感厚实和具有强烈的漫射光，显得高雅而富丽堂皇。同样款式的连衣裙，若用碎花棉布制作，其服装形态是居家服或少女裙；若用丝绸或绸缎制作，其服装形态就会变为礼服。

面料形态设计首先要围绕服装整体风格需要来确定主题并进行构思，才能达到设计与面料内在品质的协调统一；其次要有丰富的面料形态设计灵感来源。从艺术设计角度来看，面料形态设计与建筑、摄影、音乐、戏剧、电影等其他艺术形式都可以相互借鉴与融合，如工业建筑中的结构与空间、音乐中的韵律与节奏、现代艺术中的线条与色彩，甚至触觉中的质地与肌理，都可能给予我们灵感并将其运用到服装面料的形态设计中。

思考与行动：

服装面料形态重塑的构成形式可以分为三种：一种是形态模拟的构成，模拟自然形态；二是形态多元化的构成，将相同或不同元素结合不同的面料质地，产生不同视觉对比效果；三是形态空间层次的构成，将面料以同一元素为单位，以不同的规律加以重构产生变形，如图8所示：设计师把圆形纸片这一相同元素加以组合，多层次组合形成面，面的多层次组成空间，产生了虚实对比、起伏呼应、错落有致的空间层次。

请选择面料形态重塑的三种构成形式中的一种或几种，以面料形态为主要设计重点，运用服装面料形态设计手法设计一套创意服装并画出效果图。

图8

第三节 阴阳共生 | 衣领时尚

法国设计师卡米尔·科塔特（Camille Cortet），毕业于埃因霍温阿姆斯特丹设计学院，他将领型这一元素进行夸张设计，给我们带来强烈视觉冲击。然而我们在进行服装领型设计时，如何让领型符合人体生理特点、使人穿着舒适，并且在外观上满足穿着对象心理需求，又在款式上符合时代潮流呢？这是一个需要我们探讨的问题。

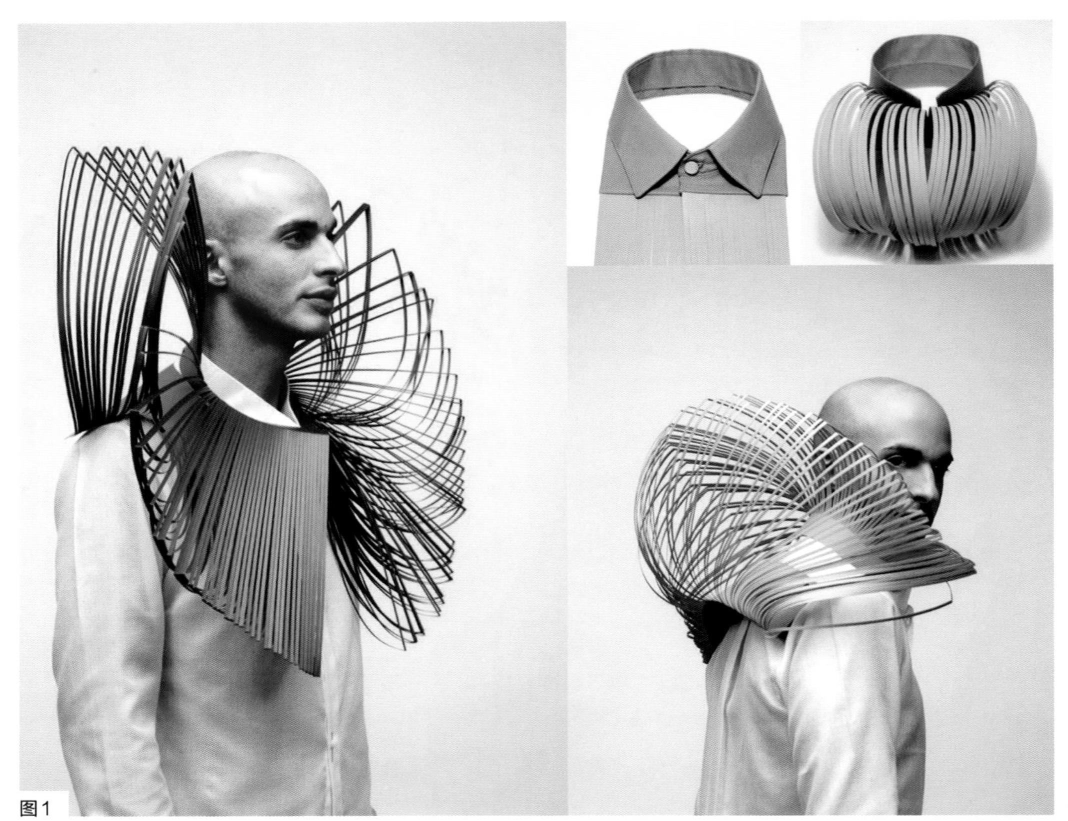

图1 卡米尔·科塔特作品

图2

随着社会发展，人们不再追求一成不变的领型，而是希望将个人审美添加到领型设计中。图2是安特卫普皇家艺术学院2008年毕业展中的作品，这两款服装以领型这一零部件为设计重点，将创意思维融入领型的款式变化中。当然除了在设计过程中追新求异，我们还应注意领型与服装各细部结构造型关系，即领型与门襟摆角、袋型、各分割部位线条间的相互呼应及其节奏都有一个"主旋律"，即统一的格调。例如圆领与圆摆门襟、圆底袋与圆袋盖最为统一，方领最好与方形造型的各部位相统一等。其实，我们在服装形态塑造中，只要保证零部件与廓型结构的协调统一，就可以完成一件服装的创造。

图3

领子是服装空间形态中的一个零部件，是服装中衬托人脸部的一个重要部位。虽然领子在服装中所占比例不大，但它处在最引人注目的部位。服装之所以必须有“领”，是因为服装以“领”的形式来顺应人体肩和颈之间的过渡，并对着装者颈部起到遮盖和御寒作用。因此设计领型时，要适合颈部结构及颈部活动规律，应以有利于脖颈活动的原则来设计领型（包括领的大小、领型的高低限度等）。

在进行领型设计时要把握与其他因素的关系，需注意以下三点：（1）领型与人体的关系：这是为满足生理上合体、护体等实用功能的需要和满足心理审美功能的需要。（2）领型与服装整体款式造型的关系：在设计一种式样的领型时，除了领型与人体关系要相协调外，还需要注意领型与服装整体造型、各部件及整体轮廓的统一。（3）领子与流行趋势的关系：在设计领型时应注意领与服装风格的流行趋势相一致，不仅要具有款式美、还需要有时代美。如图4~图6所示的20世纪六七十年代的假领是由于当时生活物质条件贫乏而出现，当然谈不上美感。不同的是，如今流行的假领则是在人们追求服饰搭配美的基础上产生的，其目的就是为了美（图7）。西方文艺复兴时期的拉夫领（图8）也是在当时文化潮流映射下诞生的产物。

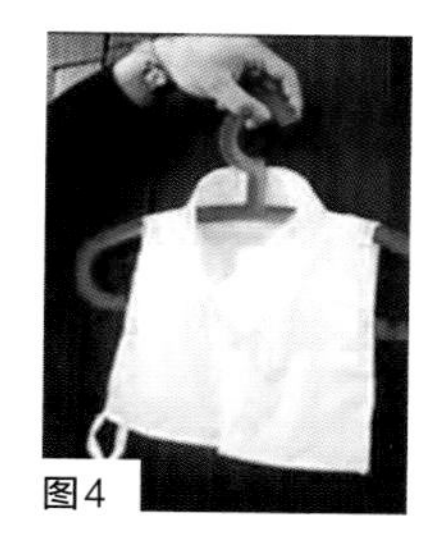
图4

图5

图6

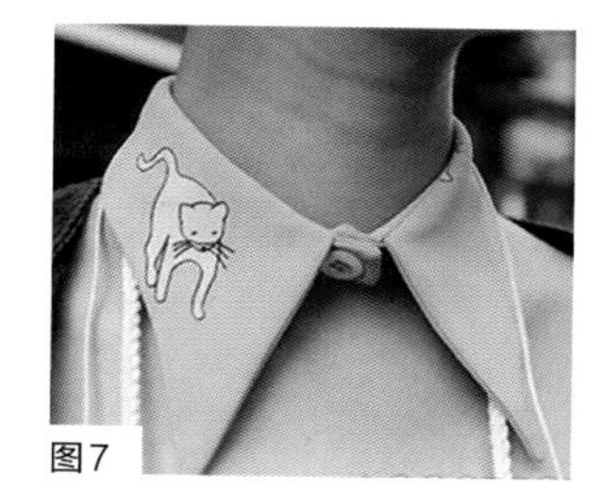
图7

图8

思考与行动：

根据历史时代和社会文化的不同，领型的变化也越来越丰富多彩。图9展示了几款近代服装的领型款式。不同服装领型的特征所传达的设计语言也不同。从人的心理条件来看，领型本身并不具备情感和联想，而是依托于人的感知产生联想与情感的。例如宽大的狐皮外衣领可显示出雍容华贵的气质，V型领能使宽脸颊者显窄，荷叶领与花边装饰能使偏瘦者显得丰满健壮，这些都表现出领型审美功能的重要性。

请发挥你的奇思妙想，根据领型在服装空间形态中的作用以及表现形式，设计10款不同的领型并画出效果图。

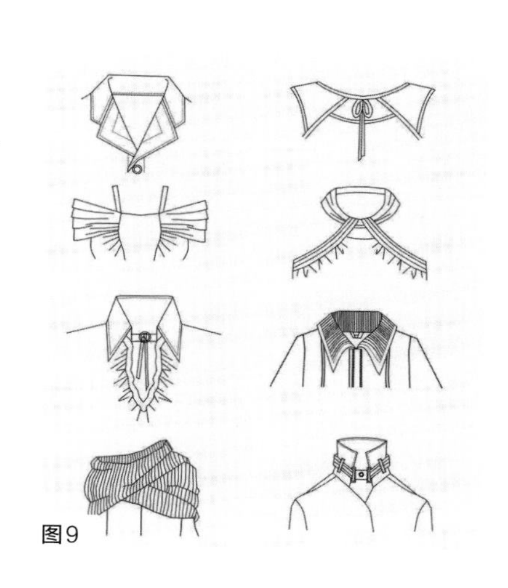
图9

第三节 阴阳共生 | 结构·牛仔

服装品牌李维斯（Levis）在牛仔裤与当代艺术之间搭筑的桥梁让牛仔裤拥有了更先锋的艺术精神。如图1、图2所示，设计师斯特凡·施德明（Stefan Sagmeister）利用501号牛仔裤所创作的“DNA”，用最原始的牛仔线编制而成一条牛仔裤，表达对牛仔线最原始的崇拜。正是由于这些不起眼的线，织出了强烈的解构文化。斯特凡作为一位特立独行的视觉艺术家，他的设计充分解构了李维斯501号牛仔裤。他将一条已经存在的牛仔裤重新拆解，牛仔裤在经过分解后变成了深蓝色，灰色的绒线、纽扣、图钉、拉链，甚至连口袋里的标签都被一一分解。最后，斯特凡又把这些分解的东西作为原料重新组合在一起，做成了一条全新的牛仔裤。

图1

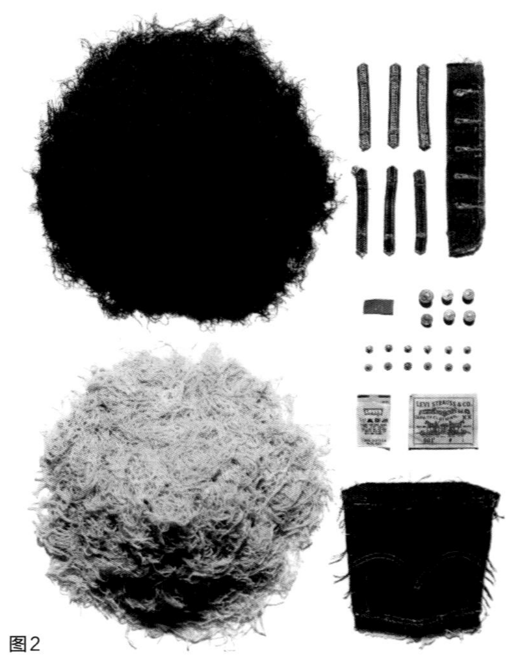
图2

斯特凡·施德明作品

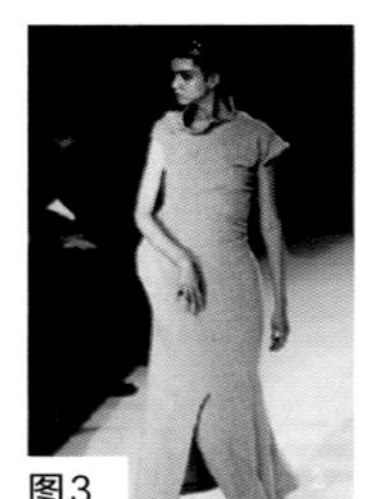
图3

作品名称：磕磕碰碰

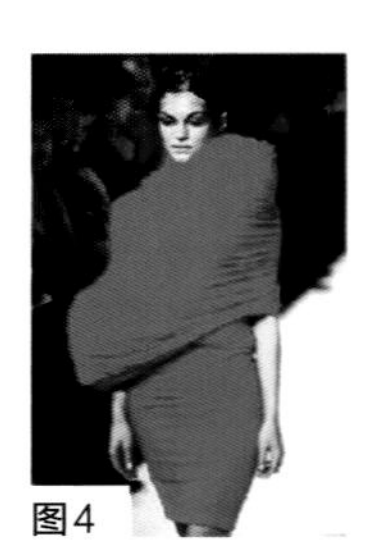
图4

图5

作品名称：跳跃者

图6

与西方解构主义在服装设计上的表现不同，日本的结构主义服装观念认为人体是衣服的架子，不求凸显身体曲线，而追求服装自身的结构感。1997年，川久保玲推出“服装与身体相会”春夏发布会，其概念是“体形造就服装，服装改变形体”。如图3、图4所示，“Lumps and Bumps”（磕磕碰碰）系列，通过缠绕、包裹，或在衣服内部放置填充物等方式来改变女性的自然形体。1982年，她推出的“乞丐装”系列服装，色调阴郁暗淡、结构松垮、衣冠“不整”、袖长不一，外衣犹如被虫蛀一样布满孔洞，露出里子，显示出一种贫穷、邋遢的感觉，一反西方女装秀场上高贵、性感的作风。如图5、图6所示这款“跳跃者”，由于通体暗黑，面料的肌理对比显得尤其重要。衣服里层是相对光滑的棉布，外层上身的针织面料格外显眼，且针织品本身就有细密的孔洞，再开出大大小小的窟窿更增加了服装整体的丰富性。与20世纪70年代的作品相比，川久保玲如今有意识地探索服装与身体融合之后所能带来的可能性，作品极富视觉张力和解构主义风格。

图7

图8

图9

解构主义是后现代主义时期设计师对形式及理论进行探索时所形成的一种设计风格，其风格特征是不满现代设计中的统一整体性，追求重塑新形态和夸大局部特征。韩国80后艺术家崔素荣（Choi So Young）是用牛仔布作画的佼佼者，她对牛仔裤各个部分形式与质地进行解构，如将缝裁过程中留下的车缝线条与纽扣零件重新组合等，运用解构主义的设计手法创作描绘了记忆中的景物（图7～图9）。

图10

解构主义作为服装设计的主题，似乎已经屡见不鲜。尤其以日本设计师川久保玲、三宅一生等为代表。1981年，川久保玲（图10）新作品的服装结构缝线极为夸张，各部件层层相叠，并运用不对称裁剪，细节处理极为丰富，例如衣袋设计没有定规、错乱无序，显现出一种不平衡感（图11～图14）。当时这种不对称、不确定的残缺审美受到许多时尚界人士的喜爱，并造成80年代初期宽松、刻意地立体化、破碎、拼贴、不对称、不显露身材的服装设计潮流。服装设计中的解构是不断打破旧结构并组成新结构的过程，解构的结果往往是标新立异、耳目一新的。设计师们在挖掘形态美的过程中，在解构风格时装逆反传统美的理念上寻找契合点，为服装的整体概念打开一席新空间。

图11

图12

图13

图14

图15

图16

思考与行动：

如图15所示，这幅由牛仔布拼接成的人物头像是布鲁诺·卡尔（Bruno Cals）优秀广告摄影中的创意。设计师同样是运用结构主义为创作主题，通过拼贴组合的手法，将不同色调、不同肌理的牛仔面料重新拼接，以新形态展现，形成丰富的视觉效果。同时，在中国服装发展的历史长河中，也有同样运用解构重组方式出现的服装。例如图16的明代水田衣。虽然中国这种传统服饰所蕴含的内在文化与西方解构主义风格传达的文化有所不同，但其表现形式却有一定相似之处。

通过了解解构主义风格特征以及日本设计师对解构主义在服装设计上的运用，请你采用服装解构主义特征，设计一套创意服装并画出效果图。

第三节 阴阳共生 | 现代·传统

根据现代服装艺术设计主题的分类，民族主义主题属于文化的呈现。服装体现着一个国家和民族的精神面貌，民族主义服装是设计师充分研究和理解某一民族或地区服饰风格的审美特征和精神实质后才能够实现的。在现代服装设计作品中，设计者们将现代物质材料与传统风格造型有机糅合在一起，更多地运用和吸取民族、民间装饰艺术的精华，其作品设计不带任何矫饰和浮华的色彩，呈现清新、自然的格调，力求在作品中体现人性回归。这种设计思潮所表现出来的浓郁民族气息和纯真的美，也体现出对传统题材的挖掘需要建立在设计者对传统文化的深刻理解上。所以我们在确定以民族风为服装设计的主题时，要避免简单的模仿和照搬，以防落入与时代不融的摹古的尴尬境界。

图1是奥尔辛基（Atelier Olschinsky）工作室创作的奥地利民族服饰，我们可以透过服饰看到新时代设计师对传统民族元素的利用与创新，同时也给观众们带来新鲜的视觉感受。从世界范围来看，服装的传统民族艺术风格主题表现自20世纪70年代至今一直盛行不衰。人们纷纷探寻、实践新的设计方法，创造新的设计风格，从历史、传统艺术及自然中寻找灵感启示。这充分表现人们渴望回归自然、返璞归真的精神需求以及尊重历史、重视文化传承的意识觉醒。进入20世纪90年代以来，随着环境和文化生态保护的呼声渐高，传统服饰元素成为众多设计师反复表现的主题。

图1 奥尔辛基工作室作品

图2

在经济全球化的今天，可以说民族的就是世界的。那么在传统民族服饰与现代创意结合的同时，我们不仅需要汲取民族服饰文化的精髓，借鉴、继承、改良、发展并赋予它新的形式、新的变化，还需要在强调本民族文化内涵、民族灵魂和民族精神的基础上，通过现代的思维方式与生活方式，将服装的造型、色彩、面料与现代时尚潮流完美结合，共同诠释民族性服装设计。如图2所示，中国服装品牌——东北虎就很好地做到了这一点，我们还需要寻求世界主流文化对自身文化的正确认识，使服装成为各民族国家表达中华文化多元特质的独特媒介，争取做到不同国家文化之间相互尊重、相互理解、相互补充、相互促进、共同发展，做到“各美其美、美人之美、美美与共”。

图3

图4

图5

图6

图7

图3~图7是设计师埃洛伊·塞科尔丹曲（Eloise Corr Danch）以西班牙风情为主题，利用硬纸所创作的民族服装。服装体现着一个国家和民族的精神面貌，是一个时代的象征。随着时代发展，人类对服装多元化、个性化要求越来越高，这就要求服装设计具有更高水平的创新。设计师将西班牙民族服饰的传统因素融合现代创意设计手法，使其产生传统与现代碰撞的火花。那么，在对传统服饰元素进行创新性设计时，有以下几点是我们需要考虑的：（1）传统服饰元素中色彩的创新运用。（2）传统服饰结构造型特征在现代设计中的创新应用。（3）传统服饰中的特殊工艺及图案的创新应用。只有对传统艺术进行全面分析、整理、归纳和提炼，寻找传统艺术与社会需求的结合点，使其得到中外消费者的认可，才能使民族服饰得到真正的继承和发展。所以，我们要善于从传统文化中提炼出符合当代社会思潮及未来世界发展趋势的内容，赋予其现代意义，不断地去思考现代社会的人文性、科学性及新生事物。服饰艺术的最高境界在于它的创造性和独特性，不能承载本国文化内涵的设计也不会成为世人所关注的设计，文化的差异性才是在国际上赖以生存的价值所在。

思考与行动：

图8

单就中国民族服饰文化来讲，其中能够用于服饰设计主题的元素是极其丰富的。中国民族服饰文化是指中国汉族和各少数民族的服饰文化。中国五千年悠久历史给我们留下许多宝贵的文化遗产，当然包括民族服饰文化。祖国大地上精美奇特的民族服饰随处可见，其中刺绣、锦缎巧夺天工；蓝印花布、盘花结纽千姿百态；扎染面料质朴美丽……所有这些民间服饰以及内涵深厚的民族服饰文化给我们提供了取之不尽的创作素材和源源不断的灵感来源，同时也受到世界各国设计师的钦慕与喜爱，在国际时装界掀起一阵“东方风”的服饰浪潮。

请收集10个有关中国服饰文化中的民族元素，将图片和文字整理出来，作为今后服装创作主题的素材资料。

第三节 阴阳共生 | “型”式

作品的造型外观是需要设计师深入研究后再进行判断而设计的，为了使作品的造型更加具有设计感，就必须有组织有规律地将各部分之间的内在关系调动起来。就设计师而言，设计者要通过尺度、形状、比例以及层次关系等，表现出作品的内在涵义或服饰精神。例如，矩形能表现出严肃、庄严、正式、男性刚强的气氛；自由曲线由于其张弛有度的特性，易传递出热烈、自由、奔放、女性柔美的质感。因此，如果外轮廓使用矩形与自由曲线的组合，必将产生一种碰撞，一种矛盾，亦或是一种新廓型理念下所传递出的新服饰形态。

服装廓型是服装形态的基础，它由远及近、由概括到细节，以最直观的视觉形象为人所认知。较于局部因素，廓型有着更强的视觉冲击力及辨识度，进而成为设计师表达设计理念与追求流行的重要因素。

廓型“Silhouette”释为剪影、轮廓、影像、侧影之意。在服装设计中可以理解为去除内部细节的大致形状、外部轮廓之意，其可以最直观、最明了、最简单地说明服装的风格与特性，更是服饰形态的最有利说明，因此它的创意设计往往会主导流行与着装理念的更新。

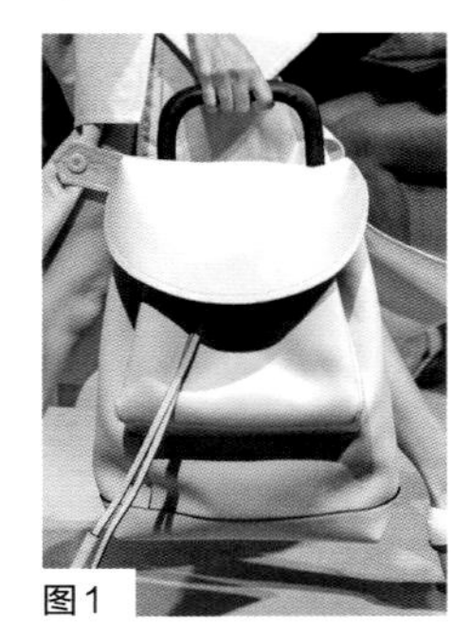
图1

图2

图3

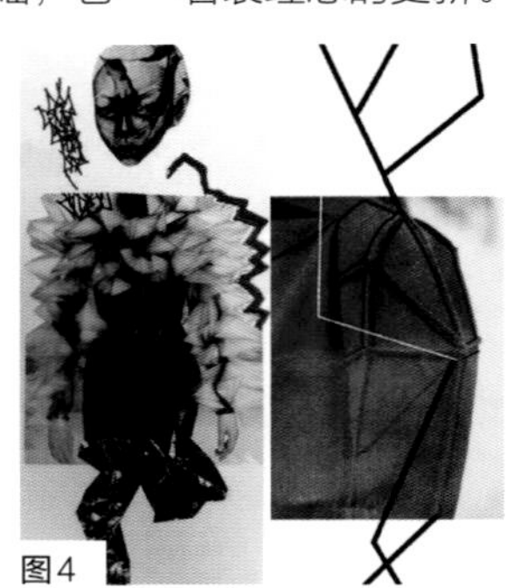
图4

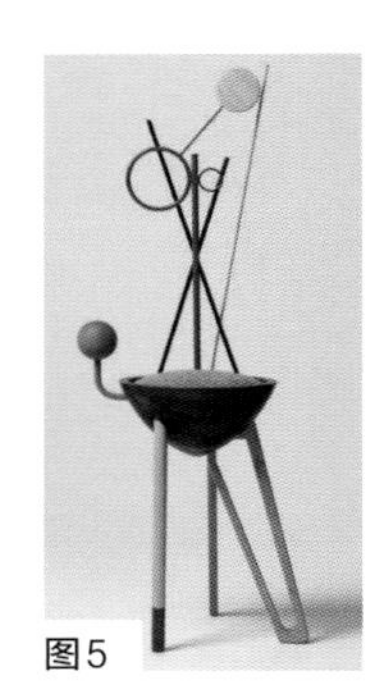
图5

图6

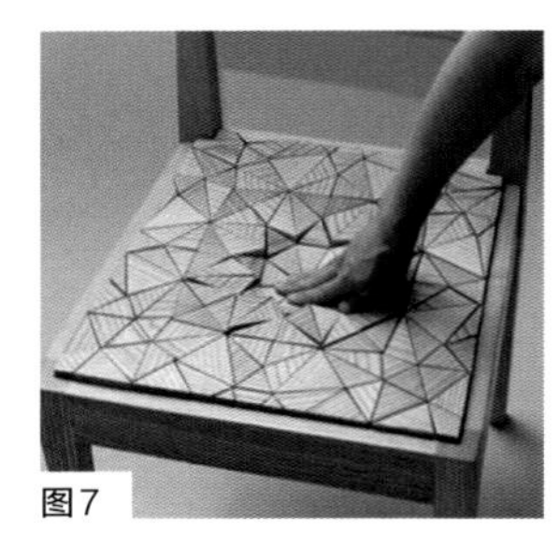
图7

图8

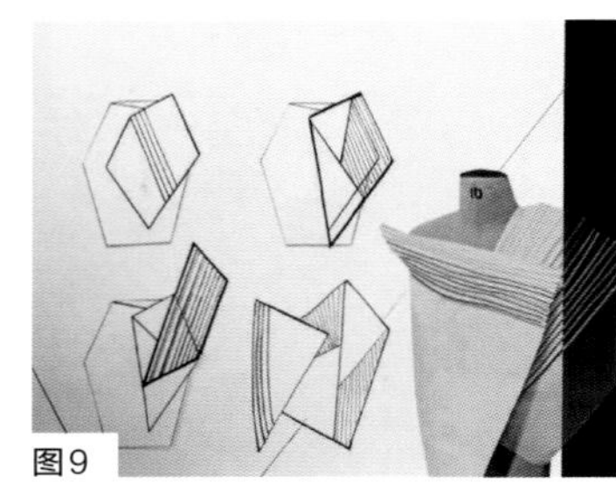
图9

日本设计师川久保玲云诡波谲的时尚态度，并用革命性的服装形态颠覆着人们对于服装文化的理解。在此系列设计中，除了血红色的大面积运用，最令人叫绝的便是她对于服装廓型的把控。任凭变化多端、匪夷所思的构成元素在服装中游走，塑造出一种不明觉厉的时尚震撼。

川久保玲将东方文化的典雅沉静与西方的立体几何元素用夸张的色彩表现融合在一起，表现出一种形式美感的同时，更传递出其品牌内涵。而服饰形态的千变万化始终离不开设计者的风格与钟情，就像川久保玲被赋予的标签——立体主义、解构风格、抽象元素、另类主题一样，极具力量感的同时又无不透露出一丝诡异。因此，个人设计风格是经过大量的设计实践后逐步形成的，更需借助自己的文化底蕴与对服装形态认知的不断更新。

川久保玲作品

图10

图11

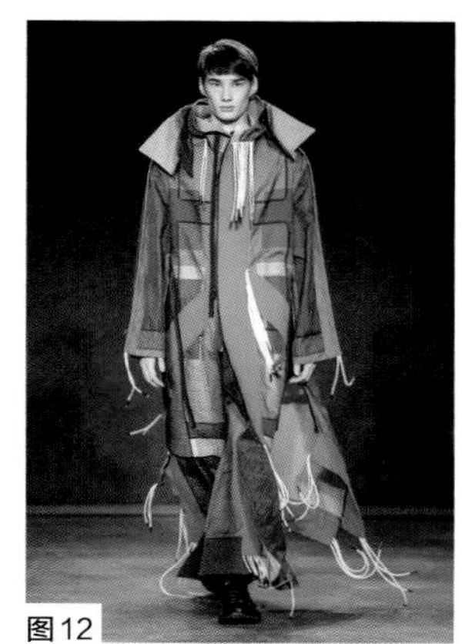
图12

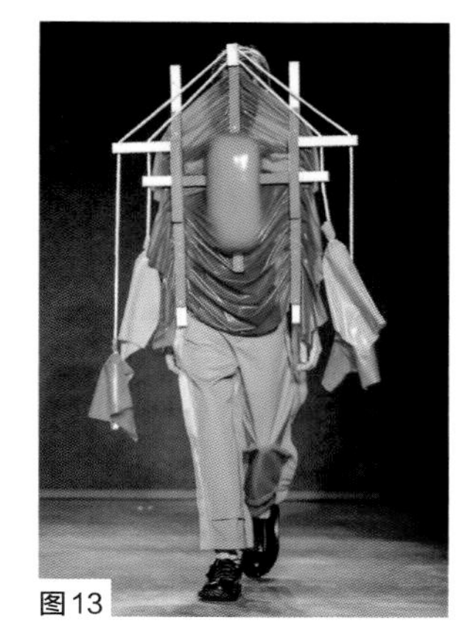
图13

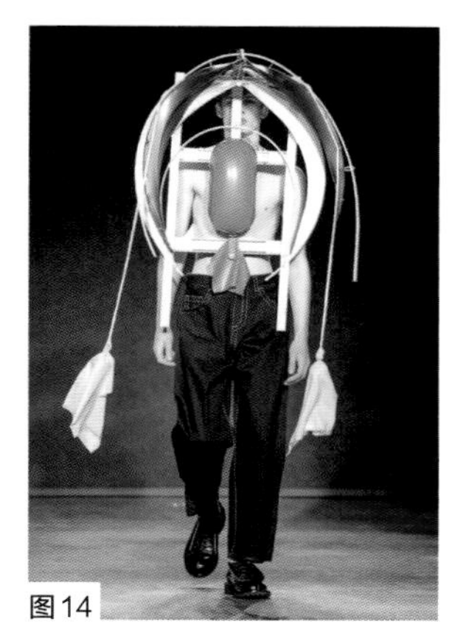
图14

图11～图17系列作品是英国设计师克雷格·格林（Craig Green）操刀完成的。作品以“器械中的冒险”为主题，表现出童年时期对艺术的幻想，对恐怖情节的恐惧、对周遭事物的探索等。这些抽象的灵感给作品带来一种无形的叛逆感。

图15

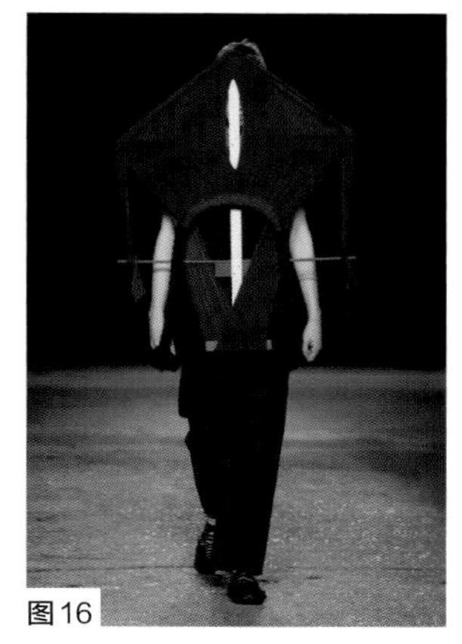
图16

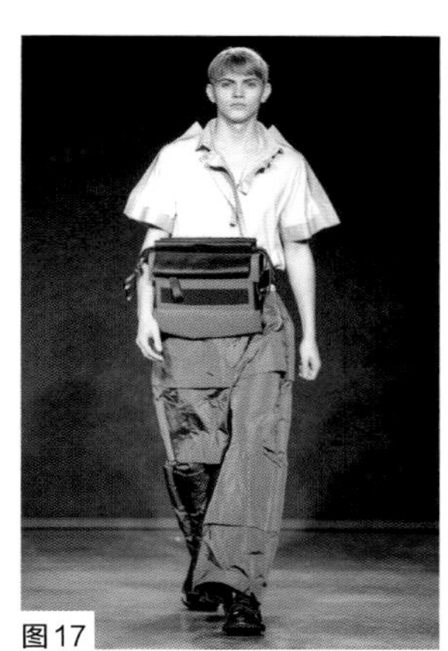
图17

克雷格·格林作品

此系列作品通过对材质的探索，充分将纺织材料与非纺织材料进行重组使用，力求在矛盾中寻求平衡，在戏谑中表现规律，在冲突中力求统一，无论是光滑还是粗糙、破碎还是完整、多样还是单一，都将物料的特性与服装的可穿性表现得淋漓尽致、统一得恰到好处。除此以外，更令人唏嘘的是其将服装的平面形态与非纺织材料的立体形态进行高度对比与融合，在这种强烈碰撞的视觉冲击下，服饰的廓型并未被其天马行空的灵感所破坏，反而将“形而上”的艺术理念与“形而下”工艺手法通过传统与现代的碰撞结合起来，使得本无明确界定的时尚设计产生一种既打破传统禁忌，又保留作品内涵的新服饰形态。

设计师华特·范·贝伦东克（Walter Van Beirendonck）的设计风格体现出一种“无性别主义形态”。从他的众多作品中，不难发现，无论是男性还是女性都可以穿着，而图18所示的这一系列设计“大廓型的立体主义”成为他的灵感宠儿。无论是硕大的耳机配饰，还是大廓型的立体剪裁，都表现出他对服装形态创意的一种实践与理解。

图18

华特·范·贝伦东克作品

思考与行动：

服装形态的表现是具体设计过程的思维整合，它不仅体现出设计者的独具匠心，更是品味与审美的外化表现。但形态受内部和外部两因素的影响，也成为设计者必须要考量的部分。影响服装形态的外部因素包括经济环境、政治因素、科技水平、文化环境等；内部因素包括设计者的修养、文化、审美等。这些因素往往会对作品产生潜移默化的影响，因此作为年轻的设计师，应该积累并沉淀出更具品味及文化性的设计作品。

请你以“玩味形态”为主题，进行一系列（4套）服饰廓型的实验设计（要求：可以不考虑可操作性，以表达服装形态的创意构思为主）。

第三节 阴阳共生 | 性感修理工

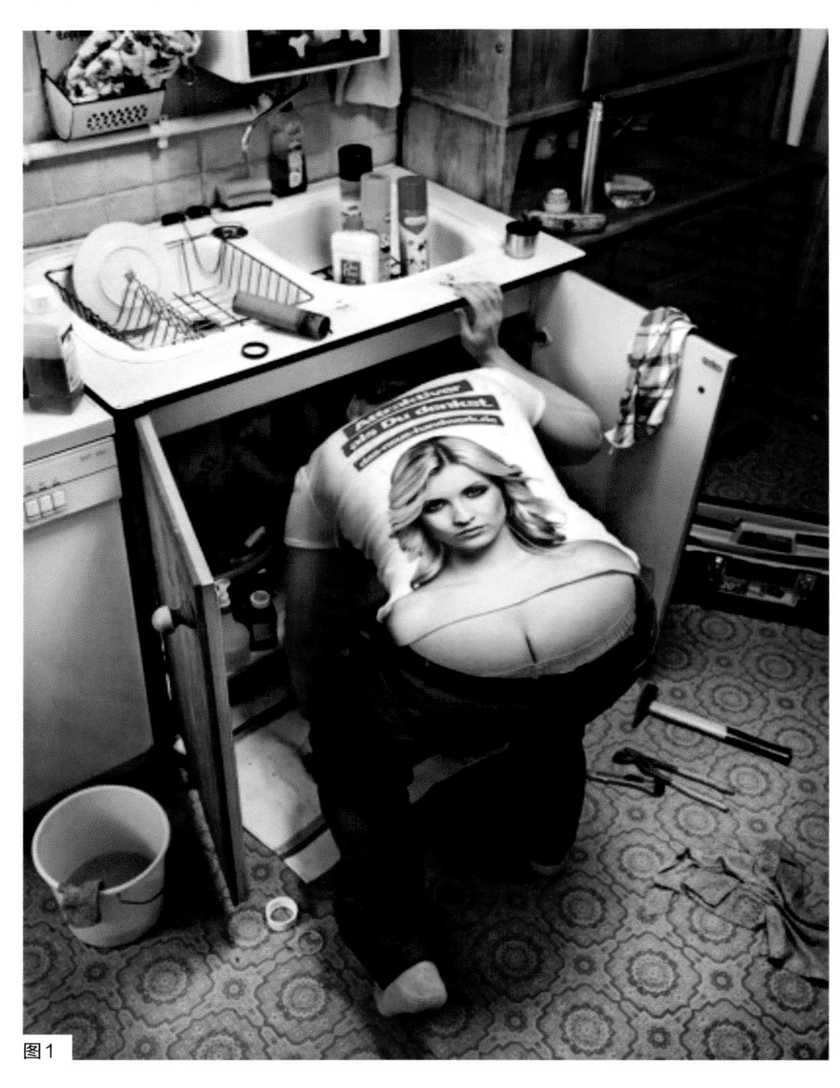

图1

广告代理：肖尔茨及朋友们，柏林，德国
（Scholz & Friends, Berlin, Germany）
创意总监：马丁·普罗斯（Martin Pross）
撰稿人：马可·穆勒（Marco Mueller）
摄影：马库斯·穆勒（Markus Mueller）
设计：罗伯特·格布哈特（Robert Gebhard）
网址：http://www.ibelieveinadv.com/page/3/

图2

受后现代思潮的影响，蕴含性感元素的服装层出不穷。例如意大利设计师范思哲以他自己名字命名的品牌，其品牌标志是希腊神话中具有性感美貌的蛇发女妖玛杜莎（Medusa），她以致命的吸引力迷惑人心。他在意大利式的实用性和功能性风格之外，融入了自己的性感与华丽。范思哲为世界带来美感，他的灵感来源于女性的性感，服装总是贴体的，并且比任何人的用料都少；衣服的领口常开至肚脐，紧身衣使女性的每条曲线都完美展现；开缝间的花边若开若合，使身体若隐若现，具有隐约的撩拨感。范思哲的设计具有鲜明的个性，强调快乐与性感，撷取古典贵族风格的豪华和奢丽。他所创造的女性形象性感而充满诱惑，毫无顾忌地穿着超短裙，却又不可思议地流露出一种宫廷式的典雅。这两种矛盾在范思哲的服装中和谐地并存着，碰撞出激情，并使他的作品充满内在张力。

图3

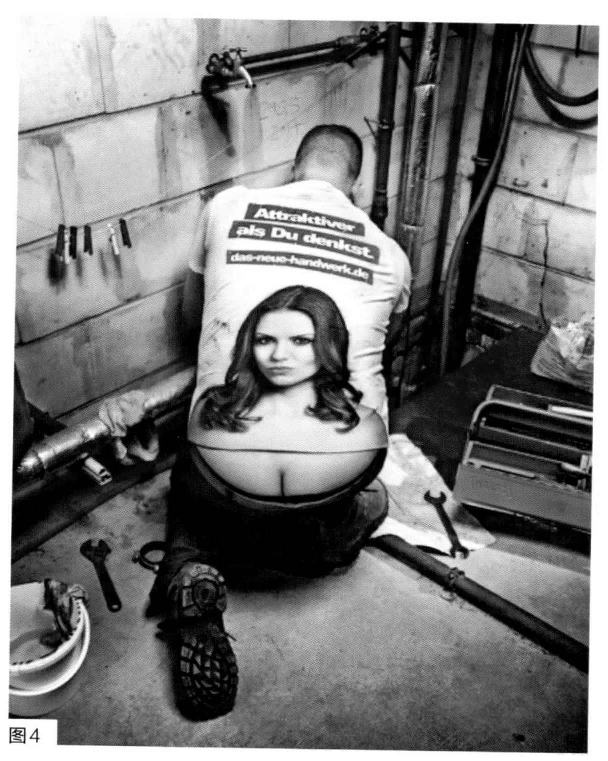

图4

范思哲曾说："服装作为社会化与自我表现的媒介，性感才是它最基本的动力。""服装性感设计"是通过设计将设计对象的特质或性能与性或性暗示混合在一起，吸引人的注意力并产生愉悦感的一类设计。如图1、图3、图4所示，创意总监马丁·普罗斯（Martin Pross）利用性感元素的三类应用方法中性元素的暗示设计，将女人胸部的性感元素运用暗示的手法转移到男模特臀部。图中男修理工在没有弯下腰的时刻，我们并不能看到什么性感的符号，只是一位女性头像，但当这位穿着低腰牛仔裤的修理工弯下腰的这一刻，上身T恤中的女性头像与露出的股沟连为一体，成了一位裸露胸部的半身女郎。再如图5的创意牛仔裤广告，设计师为了突出牛仔裤紧身的性感曲线，用彩绘将牛仔裤直接画到了人体上。当今时装舞台"性感"一词已不再是异端邪说，而成为了各国设计师所追求的主题。

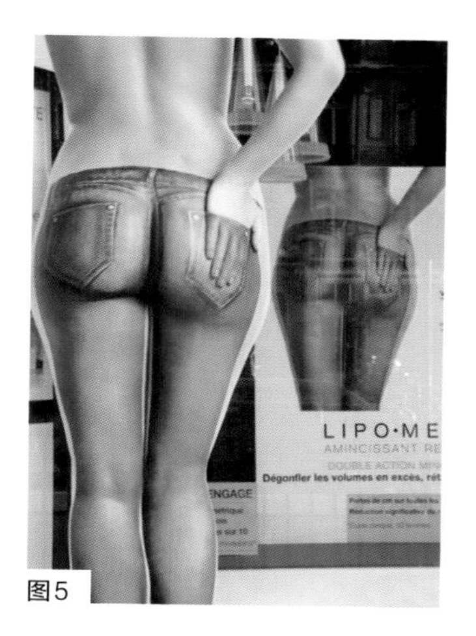

图5

思考与行动：

在原始澳洲社会中，以性感为目的服装设计并不常见，大部分男女都完全是裸体的，他们把裸露认为是一种装饰。随着社会的不断发展，性感的地位越来越被人们所认知，开始用各种装饰表现自己的性别，甚至夸张自己的性别特征。例如19世纪末欧洲女装"巴斯尔样式"（在裙子里面穿臀垫，把臀部向后撑大）和19世纪末到20世纪初欧洲女装流行的S型（用紧身胸衣强调胸高和臀的后翘，从侧看呈S型）服装。进入现代社会，从20世纪80年代末裸露大腿的超短裙和袒露前胸的吊带裙到20世纪90年代初的露肩装在不同程度上体现了女性服装对性感的追求。

请以性感为设计主题，运用性感设计的3种应用方法，结合现代社会审美观，设计一套创意服装。

图6

图7

第三节 阴阳共生 | 时尚面孔

澳大利亚摄影师贝拉·博尔索迪（Bela Borsodi）被称作是商业摄影中的“生活摄影师”“设计中的怪才”，当我们习惯于被淹没在各种模特与明星构成的图片中时，贝拉鬼斧神工地用各种出人意料的材料拗出奇思妙想的创意，看他的作品总令人忍不住想：他哪里来的这么多源源不断的奇思妙想？如图1、图2所示，他这次的创意是以画家萨尔瓦多·达利（Saivador Dali）的《疯狂的眼球》为主题，用衣服叠出的人脸，是不是又让你联想到到姊妹艺术对创意服装设计的影响呢？

Fur jacket by Closed
and many more fashion brands on
yalook.com

图1

Jeans by G-Star
and many more fashion brands on
yalook.com

图2

设计师：乔纳森·斯文·阿梅龙（Jonathan Sven Amelung）
摄影师：贝拉
网址：http://c.chinavisual.com/2011/01/27/c75029/index.shtml

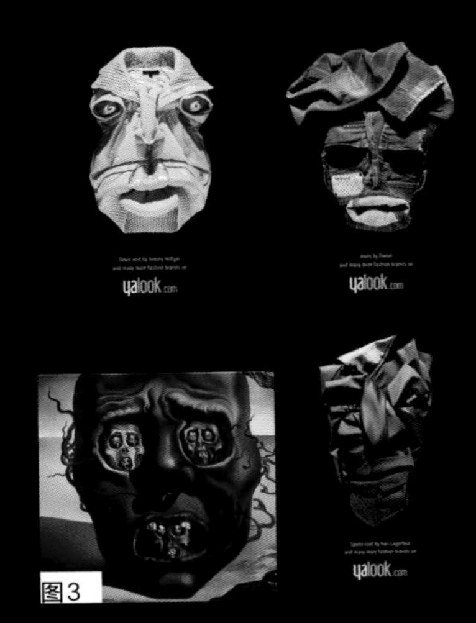

图3

萨尔瓦多·达利——西班牙超现实主义画家和版画家，是一位具有非凡才能和想像力的艺术家，以探索潜意识的意象著称。而贝拉的精彩叠衣秀便是从达利《疯狂的眼球》获取灵感的。艺术根据表现材料和手段，分为许多不同的门类，如：绘画、建筑、雕塑、电影、音乐、舞蹈等，各类艺术在其自身的发展过程中都积累了大量经验，塑造出了许多令人赏心悦目的艺术形式，而这些各自不同的创作经验和千姿百态的艺术形式又都有着共同的艺术创作规律。因此，各门类艺术在可能和必要的情况下，都可以从其他艺术门类中汲取营养，借鉴其他姊妹艺术的创作形式来丰富新的创意设计。如图3所示，贝拉就是借鉴纯绘画艺术中的某些元素，引发出新思想和新形象。

在欣赏完这些大艺术家的作品之后，请你试着借鉴姊妹艺术中的一种，将其形态特征表现在创意服装设计当中。

图4　图5　图6　图7　图8　图9

思考与行动：

图4~图9这组以星空为主题的服装是设计师克里斯托弗·凯恩（Christopher Kane）的作品，他或许是借鉴梵高的《星空》，或是参考曼妙神秘的卫星摄影作品，将星空这一主题运用到服装设计中。此外将绘画艺术运用到现代服装设计中的不在少数，例如三宅一生借鉴安格尔（Angle）的《泉》，以深入的反向思维进行创意，打破、分解、再组合，形成惊人奇特的构造，将安格尔笔下充满生命活力和青春朝气的纯洁少女形象展现在服装上，让人仿佛置身宁谧、幽静、抒情诗般的境界，同时又具有宽泛、雍容的内涵，作品看似无形，却疏而不散。

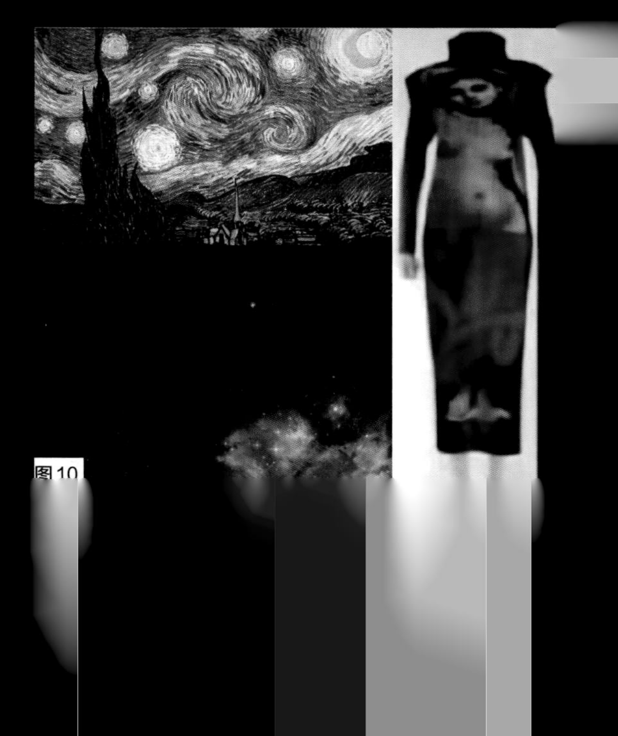

图10

第三章
细节与品质

细节是指服装的局部造型设计，是服装廓型以内零部件的边缘形状和内部结构形状。细节是创意设计表达的重要部分，聚集着人类细腻的情感和丰富的想象。服装细节除了服装领子、袖子、口袋、门襟、褶皱、图案、扣结等零部件，还包括服装的装饰手法、工艺表现及面料处理等。恰当的细节设计不仅有助于服装整体造型塑造和主题表达，还有助于增强服装造型感染力，赋予服装以灵气、创意和美感，进而更好地展示服装整体风格和个性。**服饰细节设计不仅起到功能机动的作用，更能增强服装的层次感、美感与品质。**

第一节 物我俱一 | 鱼情

对于安徒生笔下的童话公主——海的女儿，美丽的人鱼公主，没有哪个女孩会不艳羡她的美，设计师亦为之动容，便以此为灵感创作出性感优雅的鱼尾裙。如图1~图3所示，它的主要特征是腰部、臀部及大腿中部造型合体，在特定位置放开下摆呈鱼尾状。鱼尾裙造型灵动飘逸，更加凸显女性优雅端庄的线条美，独特的裁剪恰到好处地拉长了女性腿部线条，纤细的腰肢与张开的裙摆增加了体积感对比。设计师将鱼尾的特征融入裙装造型设计中，通过对鱼本身的色彩、网状肌理结构、前短后长的底边、具有光泽感的面料以及鳞状点缀物等细节的运用，使服装更加柔和、流畅、飘逸、动感，缔造了女性自信从容、睿智温婉的知性美。

图1

图2

图3

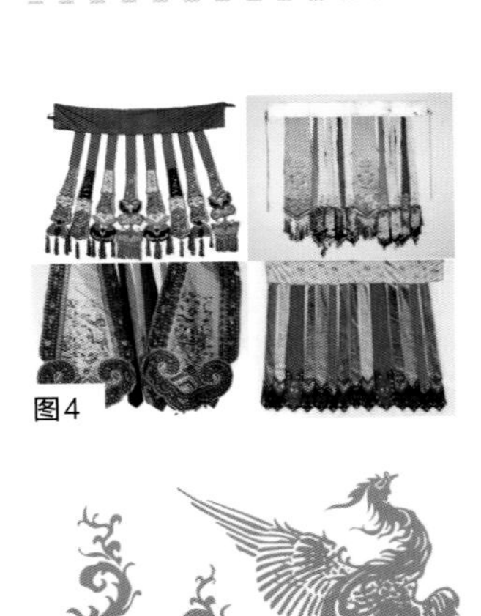
图4

图5

图6

如图4和图6所示，与鱼尾裙有异曲同工之妙的裙型要属清末民初流行的凤尾裙。顾名思义，凤尾裙就是仿照百鸟之王——凤凰的尾翼形制、特点所演变的一种裙式。首先将绸缎裁剪成大小规则的条状，每条绣以花鸟图纹，下端配有彩色流苏，两襟镶以金线后拼缀成裙。其外形结构、装饰及手工制作力求以巧为上，注重突出装饰功能，并且运用了中国传统手工装饰工艺——镶、嵌、滚、绣等方法丰富其装饰性。凤尾裙是清末民初汉族妇女的主要服饰搭配之一，但由于其特殊的结构不能单独穿着，不属于严格意义的裙，常作为附属配饰围系于马面裙之外，由此也可以说凤尾裙是裙装的一个装饰细节。

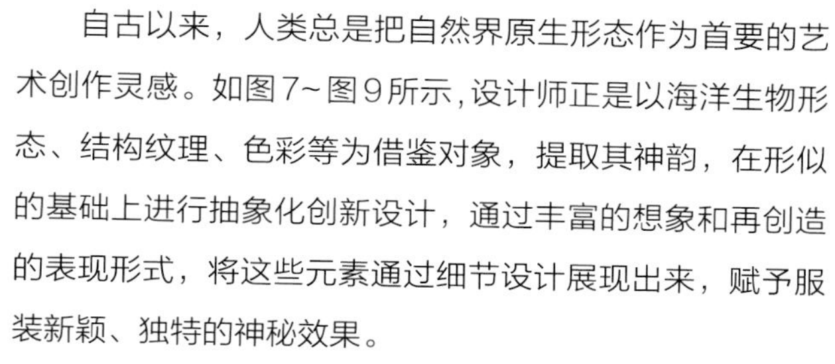

自古以来，人类总是把自然界原生形态作为首要的艺术创作灵感。如图7~图9所示，设计师正是以海洋生物形态、结构纹理、色彩等为借鉴对象，提取其神韵，在形似的基础上进行抽象化创新设计，通过丰富的想象和再创造的表现形式，将这些元素通过细节设计展现出来，赋予服装新颖、独特的神秘效果。

图7

图8

图9

思考与行动：

在服装造型中，细节设计是展现服装整体造型的点睛之笔。在奇姿异色的服装之苑，任何一种时装都不及鱼尾裙那般集万千宠爱于一身，对女性有无穷的诱惑力。鱼尾裙是把鱼类的形态、鱼鳍纹理、鱼的色彩乃至鱼翅鱼尾的灵动姿态等特征进行总结、梳理与归纳，提炼出灵感的总体意蕴，把女性的成熟妩媚裹成一颗硕腴的果实，把女性的万千风情谱写为一支韵味无穷的圆舞曲……2009年2月22日，第81届奥斯卡金像奖颁奖典礼在洛杉矶举行，在这场时装盛宴里，鱼尾裙格外受到女星的追捧，安妮·海瑟薇（Anne Hathaway）以一袭银色亮片鱼尾裙惊艳红毯，而碧昂斯（Begonce）穿着一件中国风鱼尾裙（图10），打造出美人花瓶的视觉效果……众女星之间争奇斗艳，美不胜收。

请你根据鱼尾裙的结构特色，设计一套服装并画出效果图。

图10

第一节 物我俱一 | 隐形梦幻

乔安娜·斯普罗奇
（Joanna Szproch）作品
网址：http://www.creativeboysclub.com/caapi-spring-summer-2012-by-joanna-szproch

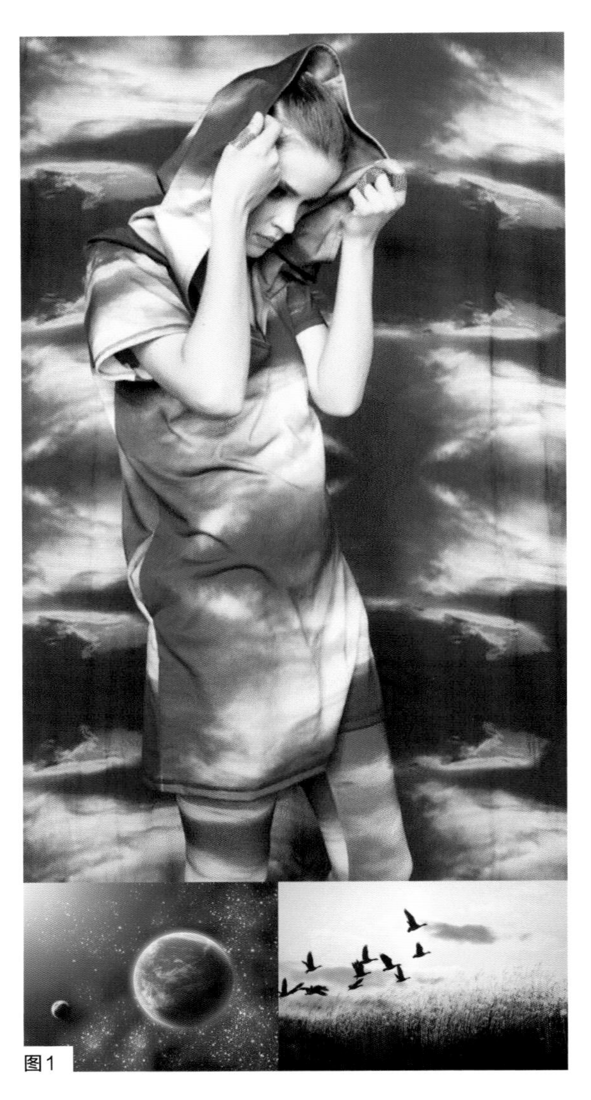
图1

图2

图3

关于面料设计中的伪装手法，迷彩服是一个具体的实例。迷彩服出现于近代，并在战争（第二次世界大战后）中迅速发展，是军装中独特的一种形制，利用五颜六色斑驳迷离的色块，使目标融汇于背景色中。由于迷彩服的色彩与战场上的背景色调基本一致，降低了战场上军人形体的清晰度，以此扰乱敌方人员的肉眼侦查，使敌方难以捕捉目标。现代观念对迷彩的认识范围逐渐扩大，在特定环境下能够起到伪装作用而给对方造成假象的服装或图案都能称之为迷彩。任何颜色、材质、纹理、肌理、视觉假象也都可以称作迷彩。

服装细节是设计师非常感兴趣的设计内容，关注细节往往可以产生新的设计灵感，从而推出新的流行趋势。服装材料细节设计的表现形式多种多样，不仅表现在造型、辅料配件、工艺技巧等方面，材料肌理、色彩配合、图案纹饰等也属于细节范畴。服装面料本身的装饰与搭配就往往反映由内及外的美感和价值，不同的品牌更有不同的侧重，进而形成不同的风格和美感。设计师乔安娜·斯普罗奇根据服装面料细节设计的伪装手法，把服装色彩图案与周围环境色调相融合，拍摄了2012年春夏CAAPI作品集；设计师詹姆斯·内尔斯（James Nares）在蔻驰手提包（Coach Tote Bag）广告片中同样运用了伪装手法，将画布上的笔触与包上的图案相互映衬达到完美融合的效果。除了设计师通过面料的图案化使服装从细节处产生隐形感的创意外，面料的细节设计还包括：（1）不同材质的拼接与搭配。例如采用针织面料和机织面料进行搭配，利用针织面料的弹性和机织面料的稳定性，来表现服装造型中柔软或挺括的质感。（2）连接设计。巧妙的连接可以弥补服装造型设计上的不足，常见的连接辅料有纽扣、拉链以及绳带等。

图4

图5

图6

图7

思考与行动：

服装设计师在把握服装整体造型以及对色彩、面料的选用时，往往会受到国际流行趋势以及国际著名服装设计师影响。对于服装设计师来说，在服装细节设计上进行创新是区别于他人而取得成功的秘诀所在。服装的结构性细节包括服装剪裁、服装结构等因素。服装结构因素大体上可分为领、袖、袋、腰、分割线、省、褶、沿口、边摆、工艺等。服装功能性细节主要指强化服装功用及性能的细节，例如服装的前胸、衣片的拼合线、后背、腰部用编织材料进行装饰时，不仅能使服装适体，还能在服装的功用上起到缩紧、加固等作用。除了这些，装饰细节和边饰细节等都是设计师展现个性创意的关键点。

请你选择一种细节装饰手法，设计一套创意服装。

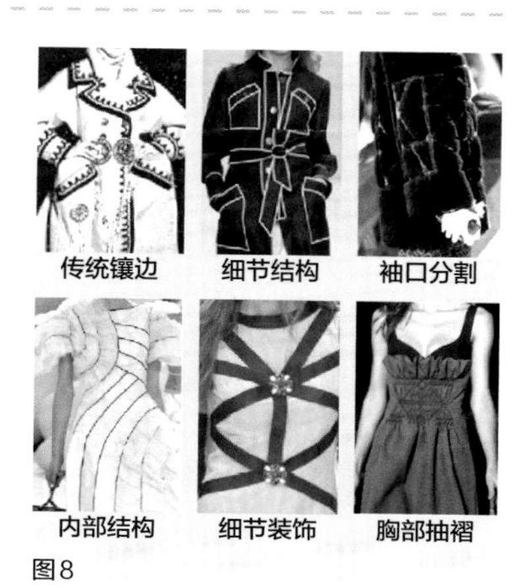

图8

第一节 物我俱一

美丽写在身上

人穿在身上的服装是传递一系列复杂信息的语言，在人们已满足客观生活需求之后，服装的实用功能要求逐渐转向更重视美感追求的精神功能，而对服装品质的追求恰恰是其精神需求之一。服装品质，即服装品位、气质，是指人们内心深处非常细腻的情感表现。服饰能体现穿着者的个性，是体现品味设计的最佳表现。服饰个性表现在可以流露公开的自我和隐蔽的自我两个不同的侧面，服饰品质本身就能体现个人不同的审美、情趣和爱好，那么个性表现自然就是品味的直接表现。作为服饰细节图案之一的纹身（图1~图3），它的内涵如今已不再仅仅限于传达某种崇拜或象征意义的图形，也不是某种团伙的标志，亦或是勇猛、邪恶的展现。纹身伴随时代的更替已经演变为一种追求美、展现个性品质或美化自我的一种新形式。服饰款式和图案给我们带来自然情趣与美感，却不知在神话的世界和我们先民的文化视野里，服饰中出现的鸟兽花草等形象都是寓意深刻并与生活息息相关的，其图案、形式都体现了一个人的精神和内心世界。

图2

图1

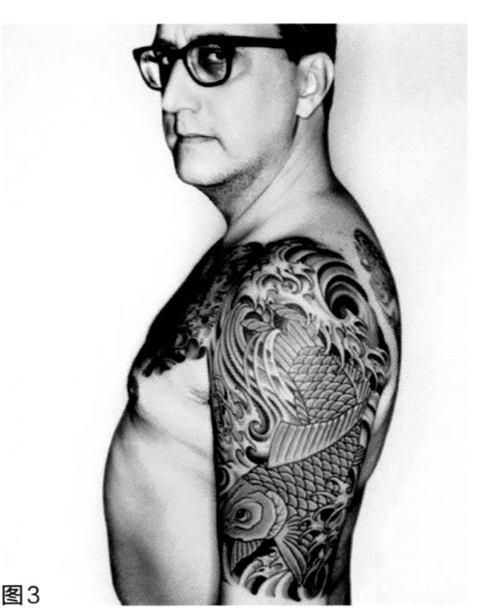
图3

纹身艺术，从远古时代到现在都可以在生活、服饰和艺术形式中找到它的痕迹。在远古时候，图腾艺术往往有固定和非固定的人体装饰两类。固定的图腾人体装饰主要有彩绘、纹身等；非固定的图腾人体装饰有画身画脸和衣装饰物两部分。如图4、图5所示，皇帝龙袍上的盘龙图案、经典故事孟母刺字中所描述的刺字纹样。另外，纹身图案对社会的整体效应具有正反两方面的影响，纹身符号的正面功能在于崇尚自由、张显自我、突破传统、表达个性，是一种激进的创新精神；而负面功能有可能是某帮派的图腾或是邪教的纹样标志。

图4

图5

图6

图7

图8

握威·圣、拉卡尔、威姆·德沃伊作品

网址：http://warwicksaint.com　　http://c.chinavisual.com/2010/03/03/c65572/index.shtml

纹身，亦称刺墨、刺青、刺身等，是在人身体上留下永久性的纹饰，是一种风俗或是表达自我个性的方式。它流行很广，大多是在肤色较浅的民族，其中以波利尼西亚人种最为突出。纹身所表达的内容多种多样：有些作为表达人与神灵、祖先的联系和沟通方式；有些表达人类渴望消灾避邪、免遭疾病侵害的美好愿望；有些标志着成年；有些则代表某个人在部落里的社会地位；有些可以用来区分敌人和朋友；有些可能是对打猎能手、纺织能手或者在打仗中表现勇敢的人的一种认可和褒奖。

图9

随着经济的发展，人对服饰的需求更多地表现在精神方面或者是审美方面。设计师通过将极具个性标杆的纹身艺术形式与服饰相结合，展现出时尚前卫、个性洋溢的审美品位。如图6~图10所示的握威·圣（Warwick Saint）、拉卡尔（Dr Lakra）、威姆·德沃伊（Wim Delvoye）等设计师的创意纹身作品，每一款都透过身体曲线传达出不同的服饰情感品味。

图10

思考与行动：

在远古时代，先民在神话思维的创造与引导下，相信人与某种动物或植物之间、人与一般物体甚至是自然现象之间存在着一种特殊的神秘关系。如黎族刺面，在他们看来具有驱魔消灾、请求神灵庇护的功效。伴随时代更替，纹身逐渐向生命个体渗透、转化，开拓了人类衣装生活的崭新领域，通过不同表现形式出现在我们的生活当中。请你：

（1）寻找身边的图腾文化，并思考它存在的意义。

（2）选取几个古老的图腾纹样，结合当今的流行趋势，设计几款创意服装并画出效果图。

黎族纹身

图11

独龙族纹身

图12

第一节 物我俱一 | 身体的雕刻

说到人体彩绘，设计师艾玛·哈克（Emma Hack）创作的中国风系列赚足了人们的眼球。如图1~图5所示，人体彩绘是美容师运用色彩在身体上绘画出各种各样的图案，跟一般画家在画布上用油彩作画不一样，人体彩绘艺术的载体是具有动感和生命力的人，它是流动的、立体的艺术品。可以说人体彩绘是纹身在新时代下诞生的另一种艺术形式，同样展现的是人们在追求服饰实用功能以外对服饰品味的精神追求。

艾玛·哈克作品

图1

图2

图3

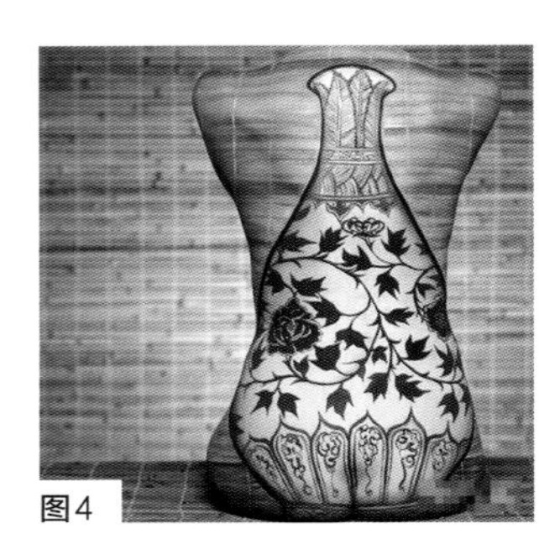

图4

图5

图6

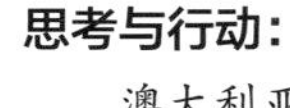

思考与行动：

澳大利亚设计师艾玛·哈克（图6）是一名杰出的人体艺术画家。艾玛用了20年时间潜心研究人体绘画和动物绘画，她的作品往往要花上19个小时才能完成。人体彩绘带有极强的视觉冲击力，奥妙得让人拍案叫绝。彩绘师精湛的画技使图像富于立体感，画中人与物表现得栩栩如生，呼之欲出。彩绘与凹凸有致的女性人体交相融合，把富有生命活力的女性身体与文化符号相结合，使人体从纯自然的美中游离出来，生成美与文化兼容的状态，有一种别样的新奇与创意。

人体彩绘是将图案直接与身体相结合，通过对人体彩绘的了解，你能将图案进行怎样的创意设计从而更好地展现服装个性品味？

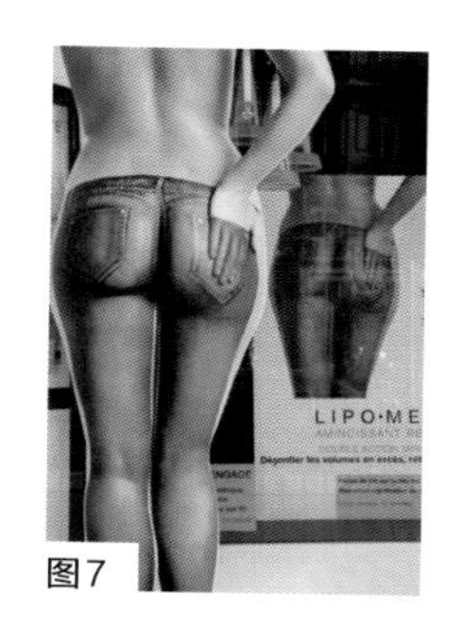
图7

图8

图9

人体彩绘是运用特殊颜料在人体上作画的一种艺术形式，由原始纹身演变而来并延续至今，广泛存在于世界各国时尚界，带给我们美的感受。人体彩绘可以说是绘画艺术与人体艺术相结合的一种表现形式，又称纹身彩绘。与刺青纹身完全不同，人体彩绘是艺术家借鉴和模拟纹身的效果，运用色彩缤纷的颜料在人的身体、四肢、面部的皮肤上绘制出具有文化品味的图样，形成具有特殊美感的装饰。人体彩绘艺术是一项与上帝争宠的艺术，它给了艺术家们无限的想象空间，绘制出的画面层次分明，立体感强，表现力丰富。创作源自生活，人体彩绘不仅可以表现活灵活现的动物造型，展示妙趣横生的游戏故事，还可以用流畅的线条雕塑人体。还有将人体彩绘用于广告设计、体育运动、行为艺术等领域，创作者们用粗犷的色块，细腻的笔触生动展现出人体玲珑的线条和丰富的情感。人体彩绘并不只是创作技术，而是一种美学观念和精神态度。这一系列美好的设计，形象地反映了现代青年对自我个性的追求、对生命的渴望和对人生的全新解读。

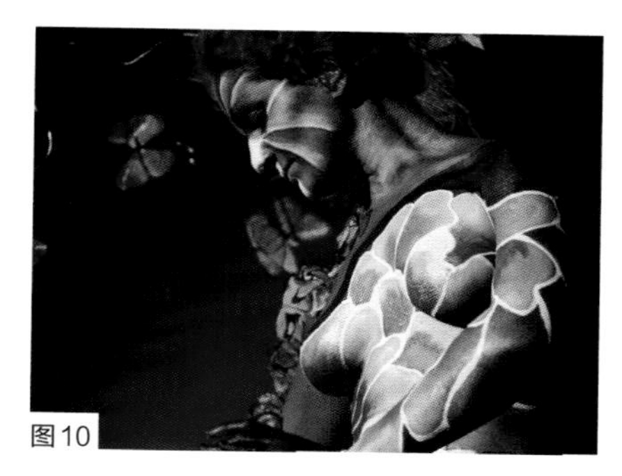
图10

图11

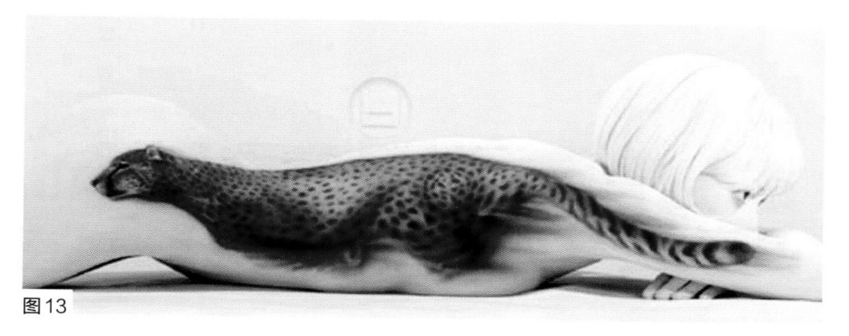
图13

图12

为了祈祷平安、幸福，古印第安人发明了纹身术；出于同样的目的，古代非洲、中东等地的人们用各种颜料将自己的身体涂抹得五颜六色。图14便是摄影师汉德斯勒·韦斯特（Hand Slivester）游走非洲，在埃塞俄比亚拍摄的OMO人的画面。这些照片所见到的抽象图案都是非洲原始部落的身体彩绘。时光流转几千年，21世纪，人体彩绘再起波澜，不过现在人们的目的是展示美与追求个性。艺术家用画笔在各种材料上挥洒神奇，但是有一天他们发现，人体才是美的最好载体，于是他们大胆地把身体当作画布，用特殊的化妆油在模特身上绘制各种图案，使人体成为艺术品。

图14

第一节 物我俱一 | 丝袜的魅惑

图2

利兹·库兹·迪·赛琳（Les Queues De Sardines）作品

网址：http://www.les-QuEuEs-de-SardineS.com/ SprSum12.html

图1

图3

图4

思考与行动：

如果说传统肤色丝袜的形象是内敛，注重实用功能，意味着“自重人重”的礼貌，那么彩色丝袜则主张从幕后走到台前，用五彩缤纷、色彩强烈的语言，赋予双腿以无声的信号，诉说自我观念与品味。

每个人都拥有与众不同的魅力，如人的个性需求在生活、生命中的体现一样，服装的个性需求也同样在服装“生命”中完成，个性与需求携手共行服装魅力才会大放异彩。

请你发掘自我个性，将你所要表达的想法物化，设计一双代表你个人服饰品味的丝袜，并画出效果图。

图5

图6

图7

图8

20世纪80年代中期以来，黑色和肤色女丝袜大行其道。如今，来自法国的利兹·库兹·迪·赛琳品牌，可以看作是丝袜设计的新革命。设计师将内心所要表达的思想与环境融合，将有趣图案设计于丝袜上，让其变得充满时尚个性。

服装的个性品质给服装生命带来了创新。当我们把眼光投向20世纪20年代，时装设计师香奈儿赫然出现在我们面前。她是最能充分理解和把握新时代精神、最能把个性品质融入服装中的一位设计师。如图7所示，她果断地把晚礼服长裙缩短到与日常服装一样的长度，大胆打破传统贵族气氛，尽可能使其造型朴素单纯。作为流行的带头人，她是向传统挑战自己作品的第一位消费者。服装具有展示自我的功能，现代人自我表现意识很强，人们总是通过着装千方百计地表现和美化自己的形象，努力使自己的着装个性化，从服饰上来展现自己的独特品质。

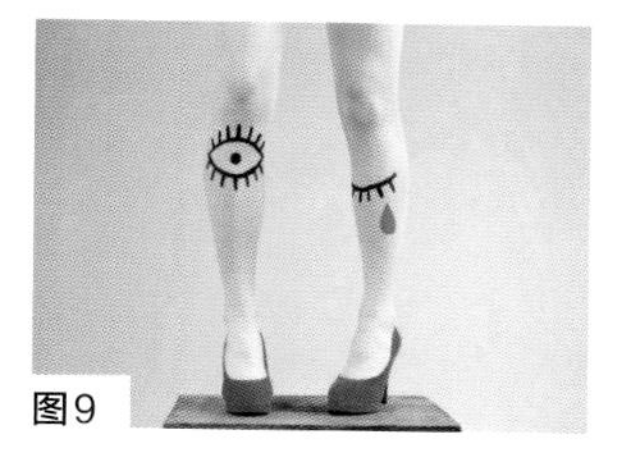
图9

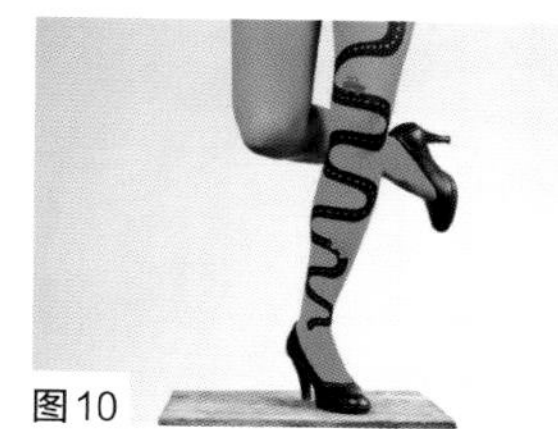
图10

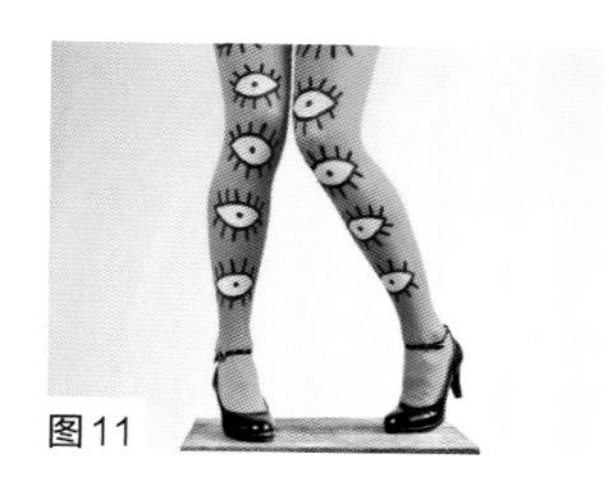
图11

思考与行动：

胡服是由赵武灵王作为军事服装最先引入中原的。到了隋唐时期，胡服虽为外来民族服装，却为人们所接受并流行开来。曾几何时，在长安街头追逐个性的年轻人若没有一件胡服或不着胡妆，反而被视为“老土”。唐代服饰正是在保持自身特质的同时进一步开放、创新，在“扬弃”异质文化的同时，也重构出一种全新的服饰文化来展示自己。

请你结合中国服装史，思考在服装历史发展中有哪些摒弃旧制，将其他民族文化融入后再创造，展现民族服饰精神的例子。

图12

第二节 内外相与 | 衣着“面孔”

图3

年轻设计师山姆·莱特恩（Sam Leutton）和 詹妮·帕斯特（Jenny Postle）毕业于英国伦敦中央圣马丁学校，他们所创办的品牌莱特恩·帕斯特（Leutton Postle）在2011年9月伦敦时装周中，带来一系列名为“面孔服装”的创意作品。如图1、图3所示，此系列服装是将抽象的五官集合于服装面料上，这种搞怪新奇的服装形式给人们带来不一样的视觉效果。在经济日益发达的今天，人们在生活中也开始追求个性化、艺术化及特别的设计艺术情怀，而细节设计是设计师展现个性创新的最佳方法。细节设计是服装设计中体现功能性和装饰性的局部设计，是整件服装中的亮点。同样，设计师在一件服装作品中的设计点，以及所表达的设计思想和理念也在这些细节设计中得到完美体现。

图1

图2

图4

图4是一些时尚针织男装的设计稿。从中我们可以看到设计师对针织面料做出的不同细节设计，例如图中的面料拼接、编织，款式结构的分割和面料图案的设计等。细节设计是服装造型的局部装饰，是服装零部件和内部结构的形态，服装细节装饰可以增加服装的机能性和美感。细节设计方法通常包括材料再造法、工艺转换法和位移法。材料再造法常用的工艺手法有印染、打磨、腐蚀、打孔、钉珠、刺绣、流苏、嵌饰、揉搓、手绘、喷绘、衍缝、抽纱、撕裂、编织、烧洞、镂刻（皮革、金属）、折叠（褶皱）、做旧等；工艺转换法即在不改变服装原型构成内容的情况下，通过转换原有的工艺设计而形成新的设计；位移法是指对服装原型的构成内容不做实质性改变，只是移动局部细节位置，例如它可以是移动原有的某个零部件、色块及图案的装饰部位等使服装达到另外一种形式美。

图5

图6

图7

莱特恩·帕斯特作品

网址：http://www.dezeen.com/2012/05/17/designed-in-hackney-leutton-postle-aw12-collection/

服装设计中，细节表现形式千变万化、手法繁多。常用的手法有在面料上刺绣、漂染、印花、钉镶饰物、褶皱处理等；在结构上有分割线、省道设计等；在工艺上有缝制方法、针距设计等。服装细节设计的丰富变化，使服装设计变得更加生动、富有灵气。如图5~图7所示，设计师山姆·莱特恩和詹妮·帕斯特的作品是在针织面料上采用贴花、缠绕、针绣等细节设计，而针织服装较之其他种类服装在细节设计上有很大差别，主要是由其针织面料本身较难做出肌理的特点决定。针织服装通过细节设计展现出服饰个性品质，也使其效果层次更加丰富、充满奇趣。

思考与行动：

图8~图11展示的是针织面料细节设计的常见手法。图8是钉镶设计。利用钉镶珠片、织带、彩线、纽扣等小的装饰品，直接在针织服装面料上造型，这种手法常常用在衣领、前襟、袖口等醒目部位，比较考究手工技术，经过钉镶处理设计后，一件普通的针织服装往往焕然一新，或优雅含蓄，或活泼生动。图9是印花设计。印花的运用多选择衣领、前胸、裙摆、袖口等部位，通过各种风格局部印花的运用，丰富服装面料。图10是做旧设计。通过撕裂、打磨、涂抹、拆散等手段对服装面料作人为的破损以产生仿旧效果。图11是针绣设计。将图案利用绣花机器直接在针织面料上刺绣，针绣设计非常细腻、立体，具有极好的装饰效果。

请你运用针织面料常见的几种细节设计手法，试着设计一套创意针织服装。

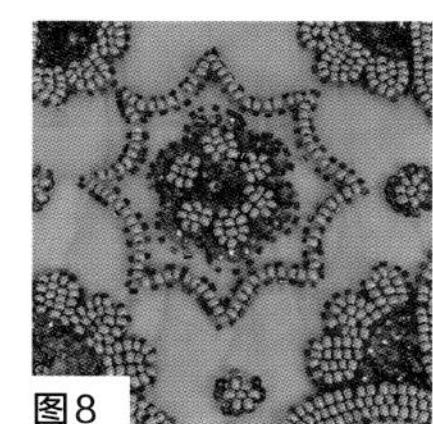
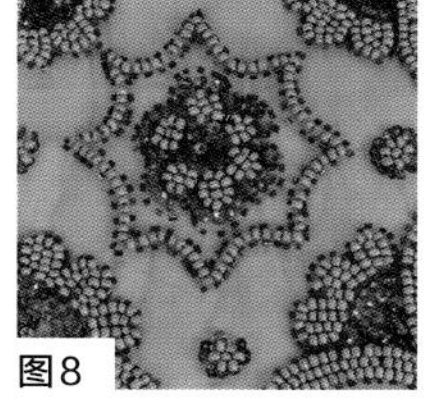

图8

图9

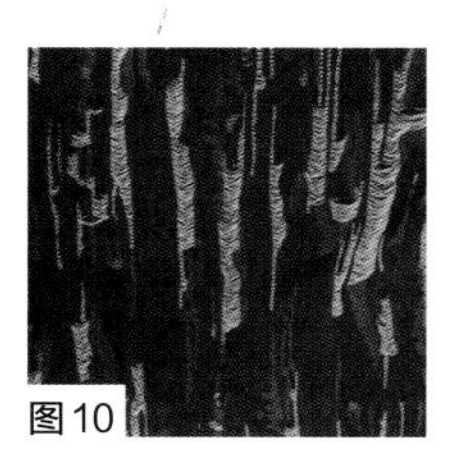

图10

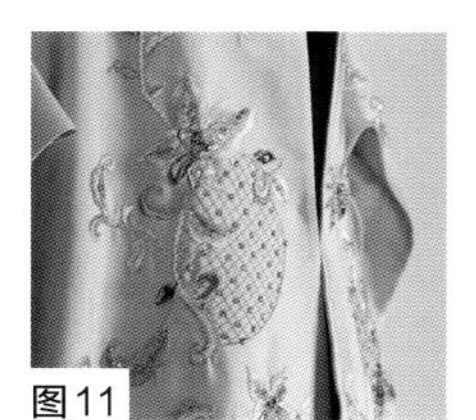

图11

第二节 内外相与 | 塑胶穿上身

图1

图2

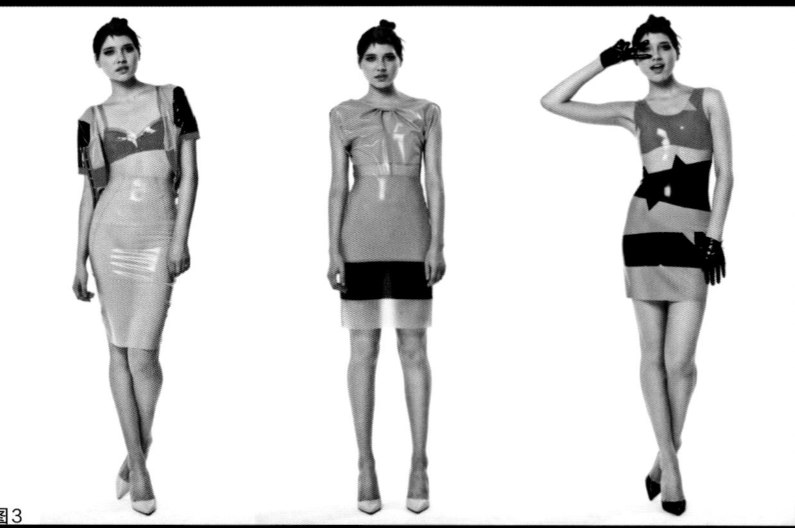

图3

索尼娅·阿戈斯蒂诺&尼科尔·约旦（Sonia Agostino & Nicole Jordan）作品
来源：海滨设计工作室
网址：http://tableauxvivantsdesign.com

思考与行动：

如图4所示，来自巴西的鞋子品牌梅利莎（Melissa）将廉价的塑胶鞋赋予大胆的用色、别致的结构，使众多鞋迷疯狂。梅利莎多年来一直与来自各领域的著名设计师跨界合作，如巴西本土的著名设计师坎帕纳兄弟（Campana Brothers），美国设计明星卡里姆·拉希德（Karim Rashid），还有英国“朋克教母”（维维安·韦斯特伍德Vivienne Westwood）等。设计师要善于发现、认识、把握、熟悉运用材料，勇敢地探索和尝试不同材料用于服装上的可能性，通过面料这一细节的变化，不仅能以创新引领潮流，更能展现出设计师作品的设计品质。

图4

以上述设计为启发点，请你发挥想象力，结合服装的设计手法将塑胶

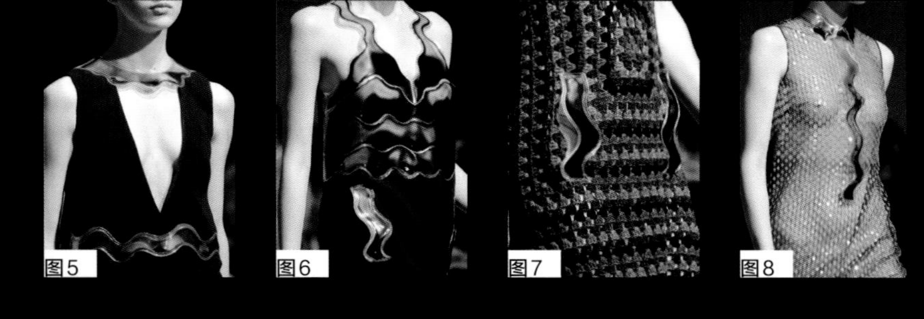
图5 图6 图7 图8

图9

材料是组成服装的先决条件和最基本要素，也是设计师内心情感和创意构想的载体。面料创新是设计师按照个人审美和设计需求，对材料进行融合、多元复合或单元并置的手法，从而达到展现设计师个性品质的目的。古代人类衣着的材质直接源于自然界，比如兽皮、羽毛、树叶等，并将它们进行简单缝制，制成了最初的“衣”。随着社会进步和农业发展，服装材质也随之有了棉、麻、丝等各种天然材料。设计师在设计过程中，通过对传统工艺手法吸收、改造，从中汲取自己所需要的元素，并结合时尚元素进行创造性整合，形成一系列新的服装材质艺术表现手法，这些艺术处理方式完全融合了传统与现代理念。

图11

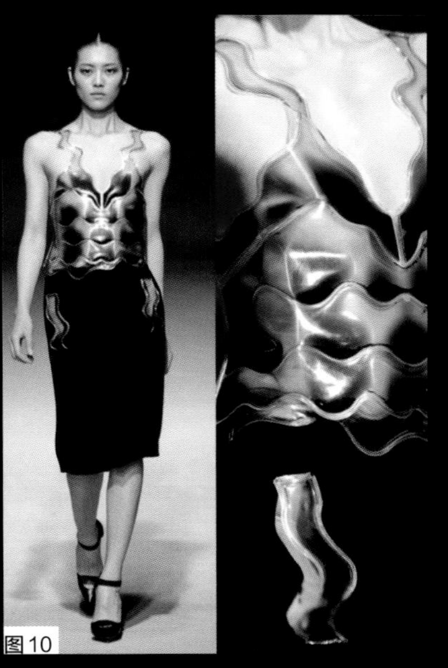
图10

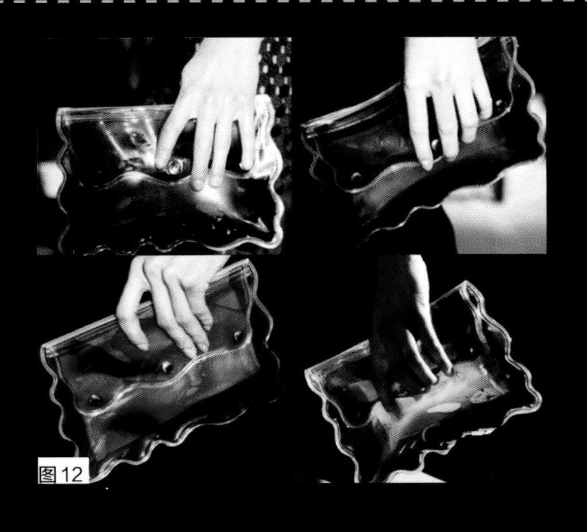
图12

如图12所示，这款手包是克里斯托佛·凯恩（Christopher Kane）在2011秋冬秀场的一大亮点，透明剔透的手包随着光线变化而折射出五彩光芒，仿佛海洋在包上流动，产生奇妙的视觉效果。克里斯托佛·凯恩运用他的创造性思维，在针织连衣裙的领口和口袋处拼接波浪形塑料装饰，材质特有的水晶般的光感被精致地缝在裸纱上，是现代材质与古老针织材质的一次碰撞。细节上来看，透明塑料部分和透明手包有着异曲同工之妙，与质地优良的羊毛拼接体现着冲突的矛盾美，整身造型高贵典雅。设计师对服装面料的创新和对细节的设计，展示了现代服装对个性品质的追求。

第二节 内外相与 | 透视X射线

图1

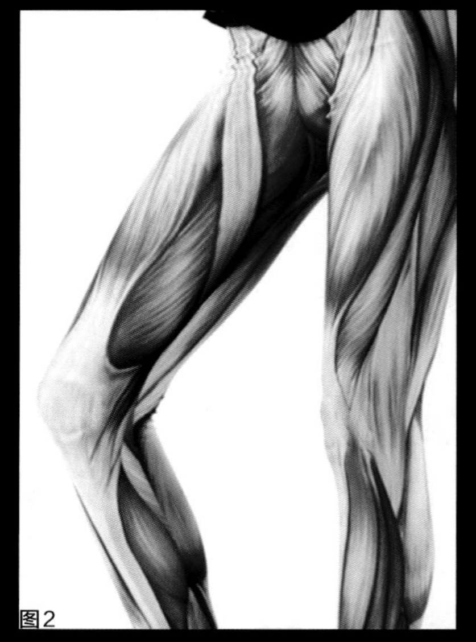
图2

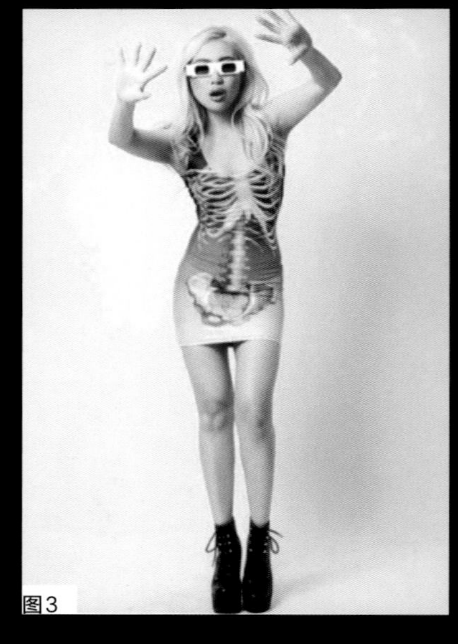
图3

如图1~图3所示，这是设计师詹姆斯·利利斯（James Lillis）为澳大利亚品牌Black Milk设计的创意服装，印在紧身裤上的肌肉、血丝和韧带，紧紧的贴合在人体腿部曲线上，仿佛是人体解剖透视图。

詹姆斯·利利斯作品
网址：http://doublemesh.com/2012/02/muscle-leggings

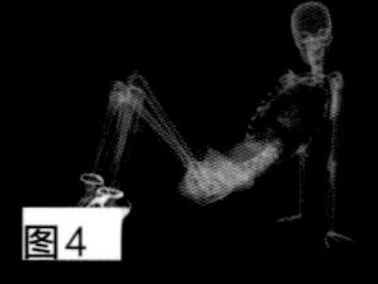
图4

思考与行动：

X射线是波长介于紫外线和γ射线间的电磁辐射。X射线具有很高的穿透性，能透过许多不透明的物质，如人体、木料等。最常见的是运用于医疗诊断中，当然也有一些设计师将它运用于艺术创作中，如摄影、广告、包装等。如图4所示，黑牛奶是设计师詹姆斯创立的设计师品牌，创立之初她仅仅是一个热爱服装，喜欢做点小东西的女孩，当她做的第一条印着个性图案的紧身裤被朋友买走后，她便开始了狂热的创作阶段，并将设计的服装挂到网上销售，目前她的品牌吸引到众多客户人群。设计师詹姆斯将自己的爱好发展成事业，她追寻个性释放和独创魅力，设计作品也成为展现个性品质的方式。你可以从她的店铺（http://blackmilkclothing.com/pages/）看到更多设计。

请你发挥想象，除了设计师詹姆斯的设计手法，你还能将X射线这一元素进行怎样的细节处理，运用到你的设计中呢？

图5

图6

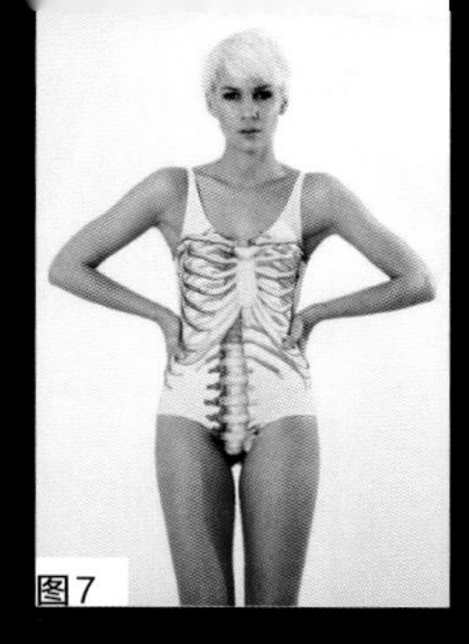
图7

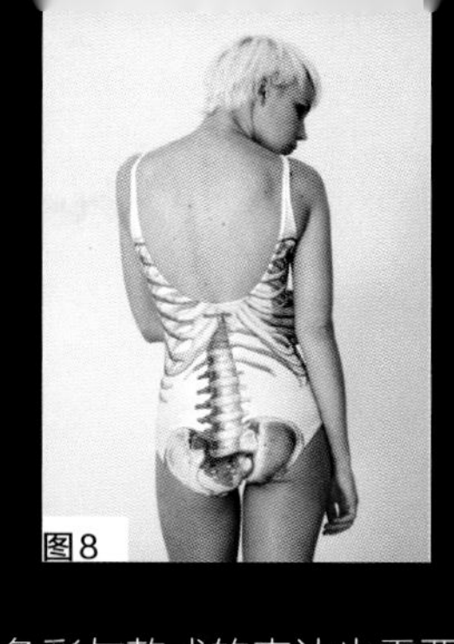
图8

图9

服装设计三要素即色彩、款式、面料。面料是服装构成的基础，色彩与款式的表达也需要由面料来体现。其中图案是面料视觉审美组成的重要要素，通过图形与线条的设计表达创作者的思想、情感，进而去影响观察者，特别是以图案为主的服装面料，主导着服装整体审美倾向和设计师对个性品质的追求。如图5~图11所示，设计师詹姆斯·利利斯以X射线的透视效果为灵感，将骨骼、肌肉、血管等人体元素通过电脑印花赋予在面料之上，并使服装款式与图案巧妙配合，使人体呈现透视的效果。综观詹姆斯·利利斯的作品，通过图案与服装款式的细节处理，整套服装以面料图案为创意点，不仅创意新奇，设计师还通过简单的细节处理展现了服装的情感与个性。

图10

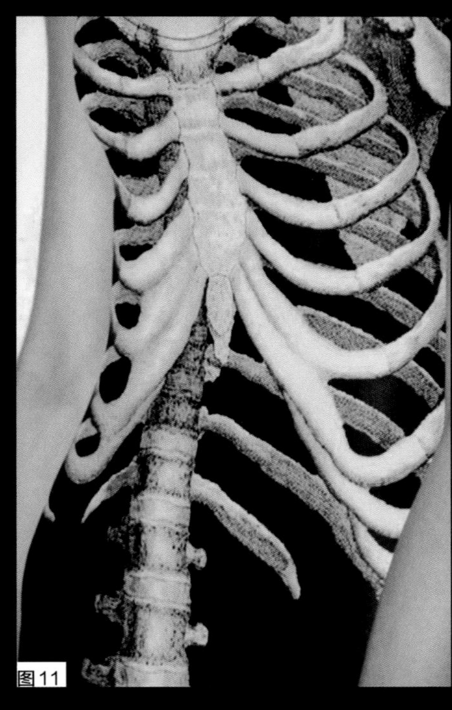
图11

从设计师詹姆斯·利利斯大胆地将人体内部结构展现在服装上来看，我们能够感受到中外设计师对服饰设计处理方法存在明显区别。不同个体、民族、时代会形成不同的服饰观念，产生不同的服装文化。西方服装追求在动态变化中产生立体的造型效果，表现出对自然人体美的推崇；中国的服装形体观念受“程朱理学”影响，以礼仪观点、冠服制度为准则，更注重平面的章法铺陈和图案、工艺的装饰。而西方在16世纪欧洲文艺复兴时期，男装中强调加强肩的“雄健”和腿部肌肉线条造型，追求男性的力量之美，这些在芭蕾舞剧服装中就有体现。在中国直到20世纪90年代，才逐渐受到西方审美影响，健美裤作为那个时代的时髦装扮就是一个典型实例。

图12

第二节 内外相与 | 帽子的语言

图1

图2

图3

图4

图5

吉吉·伯里斯（Gigi Burris）作品
来源：海滨设计工作室
网址：http://tableauxvivantsdesign.com/

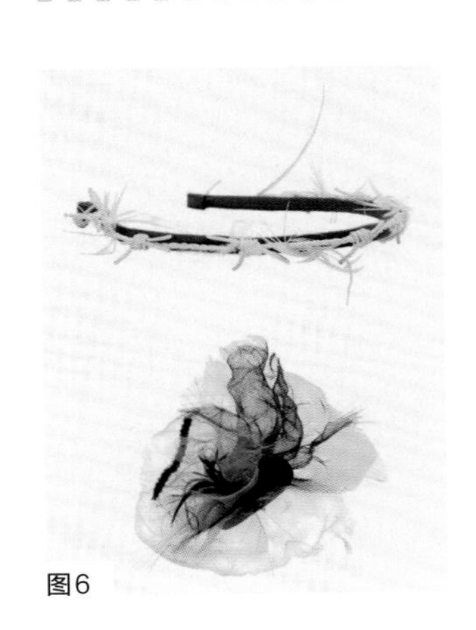

图6

随着科技发展、生活水平提高，帽子也慢慢成为服装中不可缺少的装饰品。作为整体服装造型的细节设计元素，其表现形式不仅能衬托服装主题与结构，而且也是设计师表达服装个性品质的最佳配饰。在帽子的设计中，我们需要注意以下几点：（1）依体型设计。不同身材、脸型需要不同款的帽饰，例如身材较高就不适宜戴高筒帽，帽型宜大不宜小。（2）依年龄设计。就女性而言，少女和小女孩应选用样式活泼、色彩明丽、装饰丰富的款式，与其烂漫天真相映成趣；年轻的姑娘则不要戴形状复杂的款式，一顶小的运动帽或者无帽檐的款式会衬出年轻洒脱的魅力；年纪较大的妇女比较适合戴深色帽或者帽沿朝下的帽子。（3）依服装款式设计。根据风格、外形、色彩等方面与着装搭配，给人协调统一的美感。

图7

图8

图9

图10

图11

服饰包括服与饰，服指上衣下裳，饰指帽、头饰、包、袜子等。在整体服饰造型中，帽子作为整套服装的细节之一，是极具个性的表达元素。不同时期帽子形制包含着不同含义，不同款式也往往体现出着装者不同气质。俗话说，穿衣戴帽各有所好，世界各国、各民族的服饰文化丰富多彩，帽子所蕴含的深厚文化内涵更是折射出不同民族的性格特征。现代帽饰设计更多体现出一种对个性品质的追求。从少数民族帽饰来看，西南哈尼族以鸡为崇拜物，所以姑娘们喜欢戴“鸡冠帽”（图7）；出于对瑞鸟凤凰的崇尚，白族女性喜戴美丽的“凤凰帽”（图8）；云南苗族的“银冠”（图10）；塔吉克族绣花的“库勒塔”女帽（图11）；新疆维吾尔族姑娘的“朵帕”（图12）等都是常见的民族传统帽式。秦朝时期，秦始皇崇信五德，常服通天冠（图17、图18），于是帽子作为一种标志开创了衣冠服制的先河。在西方，帽饰于17世纪在欧洲盛行。关于帽饰爱好者的情况，其中最为出名的要数伊丽莎白二世了，伊丽莎白二世女王每次在公共场合亮相都有一个共同点：一顶精心设计并且与服装相得益彰的帽饰（图19）。

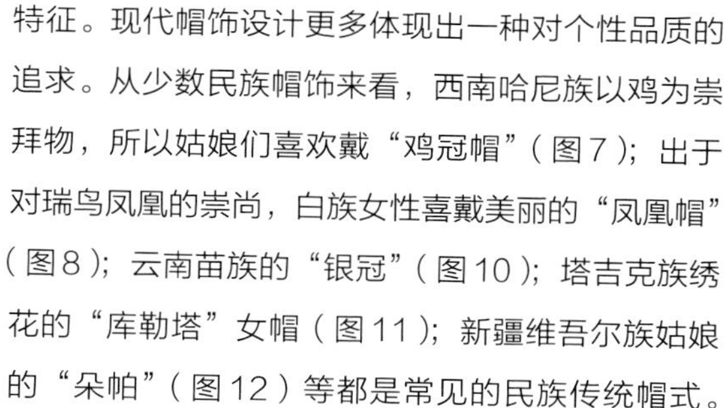

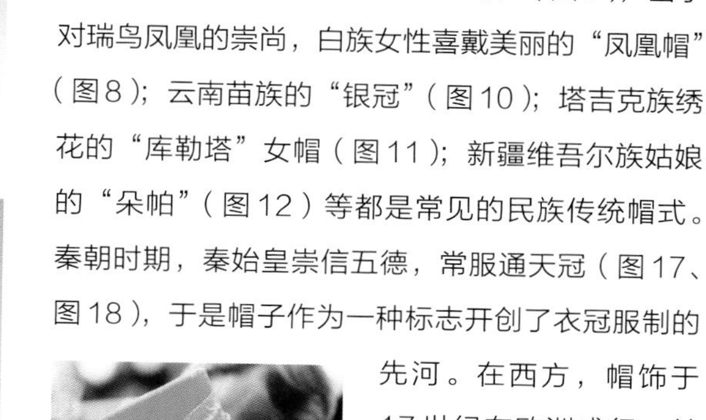

图12

图13

图14

图15

图16

图17

图18

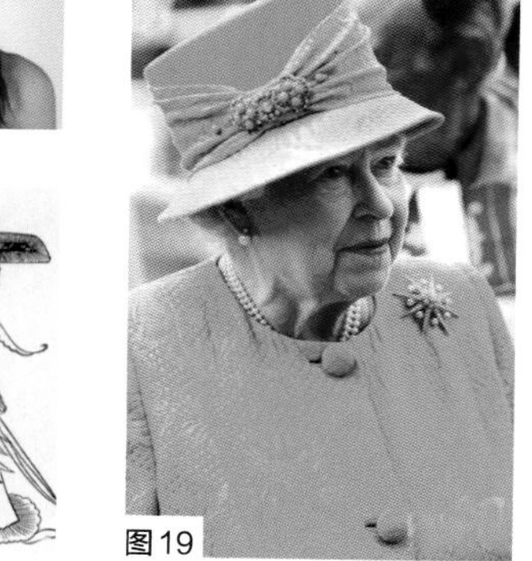
图19

思考与行动：

吉吉·伯里斯因独特的头饰设计在2010年广受关注。她的创作灵感来源于慢慢逝去的生命以及思想的陶醉，作品常采用珍贵的材料配合精湛的工艺，并具有浓厚的文化底蕴（如图20、图21）。她的艺术作品透过工艺的细节处理，展现她独有的个性审美品质。随着人们对审美需求的不断提高，帽子创意设计也越来越新奇，服装似乎不再占有主要位置，反而成为整体造型中的陪衬（图22、图23）。

请你发挥想象，结合自身在这些设计中获得一些的灵感，根据自己的个性、服装风格、身形特征等进行帽子创意设计，并画出效果图。

图20

图21

图22

图23

第四章
风格与映射

风格即一个时代、一个民族、一个流派或一个人的服装在形式和内容方面所呈现出来的价值取向、内在品格和艺术特色。服装风格所反映的客观内容主要包括三个方面：一是时代特色、社会面貌及民族传统，二是材料、技术的最新特点和它们审美的可能性，三是服装功能性与艺术性的结合。风格的变化蕴含着深厚的社会内容，也适时地展露着服装功能和审美价值的取向，是传达流行的重要指标和参照物。随着时代与潮流变迁，服装风格从某种意义上映射了社会更迭、经济变化与文化盛衰，设计师更是将这种使命感融入到不同时期的设计中，体现出特有的思想、情感与审美理想，进而映射出风格迥异的精髓和灵魂。

第一节 纯艺术说 | 堆砌·混搭

创意无止境，设计出创意性极强的服装是把握住生活细节的结果。生活是细节的堆砌，但不是简单的罗列，因为生活元素是大小不一、形状各异、高低不齐、疏密不等的，设计又何尝不是如此。能在设计中得以体现除了物品的使用功能外，更是一种对精神和视觉的无限冲击。与其说是服装设计中的堆砌，不如说是一种重复或搭配的方法，将合理的元素通过构成法则、立体思维与拼贴手段进行一种神奇的构成工作，可以由大到小，可以由远及近，更可以由宽至窄。总之，不同的服装语言可以产生不同的风格。如果堆砌是一种手段，那么搭配就是这个手段的灵魂，只有找到契合主题的组合方式，方能显出混搭风格的魅力。

搭配亦有理性与感性之分。理性搭配建立在合理的知识框架与认知体系下,而感性搭配更多地表现出一种随性、无规律可循的特征，属于感官范畴。混搭作为感性搭配的代表，看似是杂乱无章的堆砌，实则也需要有较强审美能力去辅助，不然，混搭也无法成为一种能够被大众接受的时尚风格。

“混搭”（Mix&Mateh）一词是舶来品，最早流行于时装界，而后延伸到各艺术门类。混搭，即是将若干看似不沾边的元素组合在一起，使设计具有层次感。设想一下，复古、现代、娇俏、奢华这些本来独立成章的词汇，通过服装语言的杂糅与整合，将它们和谐地融合在一起，这便是混搭的意味与精髓。

图1

图2

图3

图4

日本时尚杂志*Zipper*曾写道：“新世纪的全球时尚似乎产生了迷茫，什么是新的趋势呢？于是随意配搭成了无师自通的时装潮流。”服装已经打破时尚与经典、嘻哈与庄重、奢靡与质朴、繁琐与简洁之间的界限，将那些原本不同类的元素混合在一起，形成一个新的“和谐体”。

混搭看似无章可循，但只要找到一条主线，便能撬开其中玄秘。使用混搭方法时，我们基本遵循：（1）看似漫不经心，实则出奇制胜。（2）虽然是多种元素共存，但不代表乱搭一气。混搭是否成功，关键在于是否有统一贯穿的“基调”，坚持一种风格作为主线，其他风格作为点缀，分出轻重主次。

图5

图6

图7

如图5~图7所示，在雷诺玛（Renoma）服饰品牌创意设计中，我们看到对服饰元素的无限扩大与堆积，从而创造出一种貌似异想天开的服饰语言。这种设计语言的承载方式同时也将混搭风格大致分为：（1）材质混搭。皮草与丝绸、蕾丝配棉麻、锦缎搭雪纺，甚至将许多经过处理的面料以各种有序或杂乱的方法进行拼接组合，使混搭游戏其乐无穷。（2）色彩混搭。热辣的混搭女郎把色彩斑斓的花草和刺绣同时穿在身上，无论是紫色或是绿色，亦或是珊瑚色，色彩随意冲撞，体现出混搭色彩的大胆与独一无二。（3）层次混搭。层次混搭的乐趣就在于服装的长与短、薄与厚、宽松与紧身，把多种风格以时尚的名义组合起来，穿出另类不羁、甜美帅气的时尚感。归根究底，服装设计中混搭风格的形成，是世界服装风格多元化产生的影响。这种服装风格之所以被人们接受，主要归根于世界多元文化之间的衔接、认可与接纳。

思考与行动：

混搭风格，实际在各领域都早已存在。比如建筑设计，自晚清就有所谓中西合壁的建筑，比较成功的如民族文化宫；在服饰中，晚晴至民国时期就有穿中式服装戴西洋礼帽并拄文明棍的形象；在绘画方面，徐悲鸿的作品风格就体现出中西结合的意蕴。

混搭，表达一种交叉含义，这个词本身也经历着快速变化，被不断赋予新的含义。创意服装设计中的混搭风格虽然是虚幻不定、没有预期的，但在服装混搭风格设计方面除了注意应遵循的设计原则外，同时也应避免：（1）主调不明。这里又包括色彩主调和风格主调。（2）组成元素的简易堆砌。

请思考有关你专业方面存在的混搭现象，并运用混搭原则在材质混搭、色彩混搭、层次混搭中选择其一进行创意服装设计，要求写出设计说明及方法运用。

图8

第一节 纯艺术说 | 残缺即完整

如图1、图2所示，这两幅作品虽是看似破碎不完美的，但依旧给人以完整感。残缺主要是从形体上或者色彩上表现出来，什么样的视觉对象更能引起人们的注意？我们可以利用格式塔心理学理论去分析残缺美在设计上的应用。

让我们静下心，来看看图3~图7这几个有趣的设计，你在设计中看到了几重含义？这个过程就是你正在进行一种知觉认知。格式塔理论强调对事物整体地认知，“格式塔”这个术语起始于视觉领域研究，但它又不限于视觉领域，甚至不限于整个感觉领域，其应用范围远远超过感觉经验的限度。

图1

对于客观事物，每个人根据自身认知，都会在脑海中形成一个印象，这便是每个人心中的“格式塔”。当我们看到的形和自己心中的“格式塔”完全吻合时，便不会对其产生太大的印象，从而被我们所忽视。而当这个物体与自己心中的“格式塔”发生冲突时，反而会引起视觉关注，原则上冲突越强引起关注的程度越大，记忆指数也会越高。

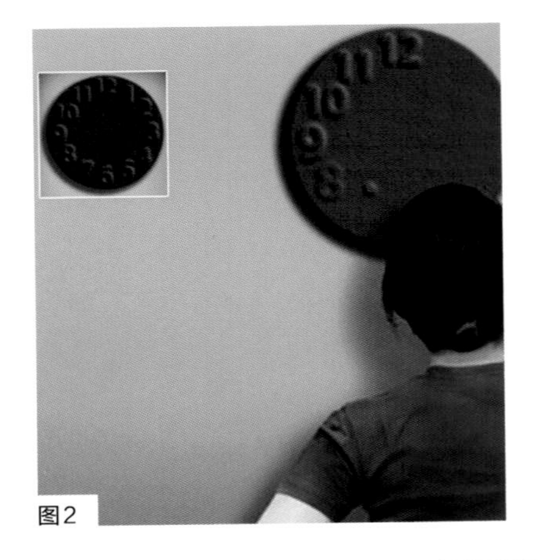
图2

图3

图4

图5

图6

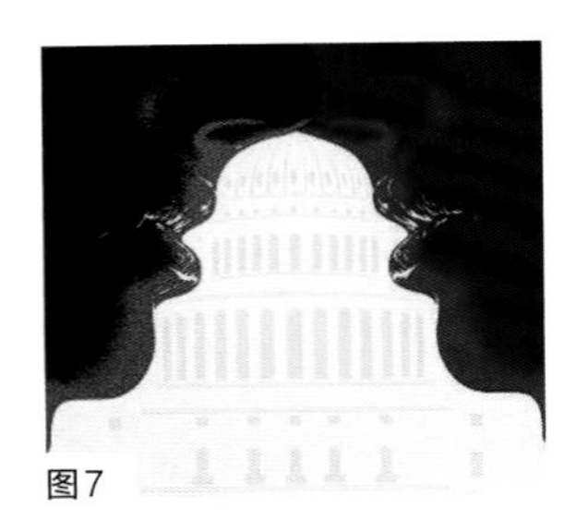
图7

如图8、图9所示，残缺本身是不美的，而恰恰是这种残缺打破了人们心中的“格式塔”——完型，引起人们的视觉警示，从而调动脑部活动，分析此事物有违常规的原因，为什么出现残缺？这样就会对事物形成更深的印象。残缺形象最大的特点在于它容易引起视觉注意力，有极强的速度、力量以及突出的凝聚点，如果合理应用，就能在获得震撼人心作用的同时，满足大众审美需求。有机体总是将它对外部事件的预测与其固有的意义框架进行比较，如果这些外部事件与预测结果相符或者行得通，他就不再对它产生兴趣，如果不相符，那么就会对当时的情形重新作一番估量。

图8

图9

图10

图11

图12

在服装专业学习过程中，我们经常通过欣赏各类时装大片来提高自身审美眼光。如图10~图15所示，通过知名摄影师的拍摄作品、造型师的奇思妙想以及布景场地的巧妙配合，使服装风格更加突出并起到锦上添花的作用。就像我们看到的这组时尚大片一样，虽然背景是残缺的，但是作品给人以完整感，并能充分表现主题。

生活中总会充满这样那样的残缺，它是不完美的。图形中的残缺指的是残缺不全，与完型相对。其实生活中很多残缺并没有影响我们对事物的理解，恰恰相反，正是由于事物不完整的特性给人以全新视觉感受。视觉所产生的直觉实际上是一种视觉思维，它有着主动性和完型意识，虽然形象本身看似残缺，但仍能获得一个完整的知觉形象。

菲利波·德尔·维塔（Filippo del Vita）摄影作品

图13

图14

图15

图16

图17

思考与行动：

残缺是一种现象，世间万物极少完美，因此残缺随处可见；残缺美则是一种理论，是表象残缺在认识上的升华，残缺美在艺术领域大致可以分为两种：狭义与广义。其中狭义的残缺美便是大部分人认同的一些自然或者无意所致的残缺，人们在这种残缺中或寄情于物、或发挥想象，由此而美；广义的残缺美则是因残缺而美，即有残缺之处，不论是局部残缺还是整体残缺，都能体味到美的内涵。

请思考身边存在的残缺美现象，可以是自然风景，或者建筑物，或是设计作品，将他们记录下来。

第一节 纯艺术说 | 趣味也是主义

图6

如图 10~图 14 所示，这些图片是德国摄影师帕瑞 · 波蒂（Madame Peripetie）拍摄的一组天马行空、趣味性十足的作品。在服装设计中，我们试图用不同手法来体现作品的趣味性，使作品更灵动、更具生机。趣味性的形式和手法表现在服装设计中，往往呈现出来一种有意味、反常态并能引人入胜的特征。趣味性极具个体化和多样性，“设计趣味”在飞速发展和多元化的时代很难以客观标准去评价和衡量。无论如何，在以人为本的社会背景下，“趣味”在创意服装设计中扮演着与人进行情感交流的重要角色。在服装造型中多运用抽象、夸张、比喻、暗喻、象征、模仿等手法，通过拟人、仿生、卡通、象形等大众喜闻乐见的形象，呈现简约明快、通俗易懂的艺术风格，从而增强服装个性与吸引力。

图1

图2

图3

图4

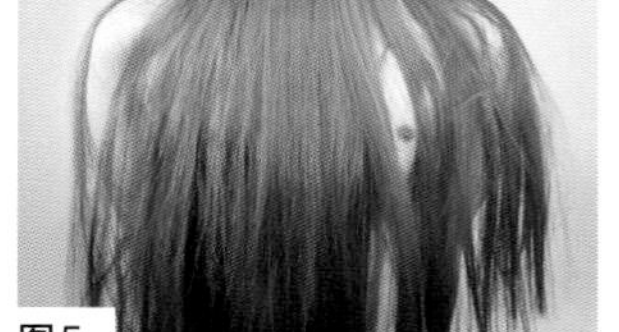
图5

图7

图8

图9

当代服装设计发展成一门兼具较强延展性与艺术性的综合学科，它将现代科技与艺术设计的各个领域相互综合、渗透、依托，成为一种创造性设计活动。针对服装创意，从设计到成衣所经历的环节诸多，其中将趣味性元素运用到创意服装设计中是近些年来不断被设计师所认知和实践的课题。显著的趣味性除体现在服装廓型、功能、结构、色彩、材料等方面以外，还包括与设计背景相关的故事是否能够吸引消费者。创造愉悦的审美体验，是趣味性成为服装人性化设计并永葆活力的又一主题。

图10

图11

图12

主题：梦话

帕瑞·波蒂（Madame Peripetie）作品

图13

图14

帕瑞·波蒂的这几幅摄影作品不仅为你带来强烈的视觉冲击，更能让你试图寻找其中的趣味元素与设计风格，继而在这些超现实形象中找寻一种人生释放。将结构、材料、思维、意识融汇在一起，以雕塑感极强的形象来表达超现实主义甚至达达主义理念，体现出趣味化风格。利用不可思议且梦幻呓语般怪异的造型与天马行空的材质进行搭配，描绘人类心灵深处潜意识中的梦想，表现现实中人类矛盾的内心冲突而给人以深刻反思。趣味不是游戏，值得珍视。

图15

思考与行动：

近两年举办的各种服装设计大赛，其中能够观察到年轻设计师在设计作品中大量使用魔幻、太空、戏剧等元素增添服装的趣味性。究其原因，一方面是网络世界及动漫作品对设计观产生了巨大影响；另一方面，集中反映一代人对生活和工作的需求特征——有趣、好玩、放松。大量趣味性很强的文化混搭风格，戏谑、调侃的色彩都算是后现代主义设计特征。在各种元素成为服装设计趣味性来源的背后，服装设计界正进入一个与其他门类进行艺术跨界合作的时代，同时在趣味性设计上体现出符号化特征。

请拍摄10张含有趣味意义的服装或饰品，并用文字总结趣味风格在服装不同部位起到的不同作用以及其带来的不同感受（不少于1200字）。

第一节
纯艺术说

奢华·复古

“一切过往的东西都会是一个新的开始”，复古不仅仅是简单重复过去的存在形式，还在于运用经典元素进行再设计；它不是原地踏步或是倒退，而是呈曲线状螺旋状上升的过程，表现出对往日的留恋以及对未来的憧憬。

在服装设计领域研究“复古”，除了要了解“古”的有关范围，还要了解复古的相关概念。古典复兴产生于复古流行的大环境、大背景下。与众多理论发展过程一样，复古设计的运用比其定义要早得多，大量的设计实践早已做出最好的证明。对于服装设计而言，“复古”是一种设计理念和造型风格。作为一种设计理念主要是对历史上某一时期的着装态度进行思辨；造型风格的复古则是指历史上某一具体款式或细节真实再现于现代服饰设计中。实质上，这两方面往往交替或同时用于服饰设计中，即在理念指导下对造型风格的再现。

图1

图2

图3

图4

图5

图6

图7

图8

服装复古风格是一种动态定义，既不是某一年代风貌的复兴，也不限定于某些设计元素，它是一种综合时间与空间、用前瞻性眼光去回顾过去的过程。复古服饰现象具体表现:（1）针对某一设计理念的复古。往往是把具有一定时间间隔的某种服饰风格加以逻辑化和条理化，以这种风格的具体现象为素材，借助格式化的服饰风格规律，利用设计所处时期的美学法则和设计语言，表达某一服饰风貌的再造式内涵。（2）针对某一时代的复古。如模仿20世纪80年代服装造型的复古风格服饰。（3）针对某种设计元素的复古风格。比如将珠宝的奢华作为复古的基础元素。

图9

图10

如图9、图10所示，作品采用女佣和风景画的形象元素构成，侧重表现18世纪女性俏丽的风姿，作品在以现代创作手法还原古典韵味的同时，赋予作品时尚与个性，使其不仅仅停留在还原与模仿阶段，还颇具时代气息。摄影作品注重渲染气氛的特点，同时也提醒我们，复古形式不是只有追溯“时代”才能体现精髓，歌剧、老式电影院、古典杂耍等形式都能引起我们的注意，并带来无尽的创作灵感。

复古不是二维设计，而是包含时间跨度的三维设计，每一时期的典型风格都能成为未来“复古”的元素。因此，复古设计风格不等同于古典主义复兴风格，当代复古主义风潮可以理解为古典主义发展与复古潮流的交集。

思考与行动：

风格不同于一般的艺术特色或创作个性，它是通过艺术品表现出来的相对稳定、更为内在和深刻、更为本质地反映出时代、民族或艺术家个人思想观念、审美倾向、精神气质等内在特性的外部印记。

请思考复古风格可以运用的表现方式与手法，并挑选出一个时代背景作为研究对象（中西方皆可），根据时代特征，写一篇关于“元素在时代中的体现”的论文。要求：

（1）不拘泥于服装专业，文中应多关注对其他专业的探索，如绘画，音乐，文学等方面。

（2）结合你的研究配两幅插图，根据插图还原的风貌设计一套复古创意服装，要求有效果图以及设计说明。

图11

第一节 纯艺术说 | 对话黑白

如图1所示，把黑色椅子放在大面积的白色空间内，体现一种简约风尚；图2中黑白条纹上衣搭配黑白妆面，在白色背景下戏剧味浓烈；如图3~图5中的海报、服饰、广告都搭上黑白列车，行驶在一望无垠的时尚大道中……

黑白是各领域设计中最为重要的“色彩”之一。虽属无彩色系，但它们的存在却靓丽了色彩世界，独立存在时优雅圣洁，组合出现时简约干练。不仅如此，当它们与其他色彩“相遇”所搭配出的万千风情，也令人感慨黑与白的神奇。黑白是色彩的两个极端，它们单纯而简练、矛盾又统一、节奏明确、相互补充，成为创意设计中最永恒的搭配色。

在古今中外服饰史中，黑与白长期流行并占据重要位置。尽管它们给人不同的视觉形象和心理感受，用途各异且各有千秋，但至今仍被人们奉为服色中的上宾。黑白在人们心中形成的风格，代表了一种思考与平和。在服装设计中，黑白搭配是经典永恒的美，人们将情感赋予黑白，灵活变换点线面的形式，使其具有复杂性与多样性。还记得半个世纪前的奥黛丽·赫本吗？还记得曾活跃在时尚大舞台的黑白教父卡尔·拉格菲尔德吗？是黑与白让他们那样特立独行、超凡脱俗，是黑与白让他们始终伫立在时尚潮头，无论是在天堂还是人间……

图1

图2

图3

图4

图5

图6

随着时代步伐不断加快和社会日益发展，人们对黑白理念的认识也在不断完善充实。黑白具有极致、强烈、单纯、明快、爽利而又神秘的特性。黑白色都具有正面和负面意义：黑色就其正面意义而言给人以华丽、高贵、公正之感，而负面则给人以死亡、空虚、贪婪之意；白色的正面意义有神圣纯洁的意味，而负面有堕落迷茫之意。黑色有收缩感，白色有扩张感。因此，我们在进行创意设计时，不仅要考虑到黑白所具有的色谱意义与存在感，更要关注它们在人们心里具有的意味，使作品最终实现物质与精神的统一。

图7

图8

可可（Coco Rocha）摄影作品

黑白灰以最单纯的关系传达出来的情感反而更有张力。事实上，黑与白的经典程度令所有色彩都甘拜下风。它们既能表现女性温柔的一面，又能演绎男性阳刚的一面；它们既像陈年老酒一样历久弥新，又像时尚弄潮儿一般活力四射。所以，无论是职场先锋还是窈窕淑女，衣橱里一定要有黑白两色的服饰。设计师在每一季都不会遗漏这“黑白片”，在他们思想里，“黑白片”蕴藏着历史和文化，回顾它就如同在喧嚣的尘世中隔着一层纸，让你既看到繁华都市，又能独享那份自在、宁静。

图9

图10

思考与行动：

棋子的黑与白步步为营，昼夜的黑与白昏晓分明，琴键的黑与白谱写生命，太极的黑与白推气运神，服装中的黑与白则不断演绎经典。请你：

（1）思考“黑与白”除了色彩意义，还能给人以何种心理暗示，分析“黑与白”的受众群体。

（2）拍摄5张照片，用Photoshop软件处理成黑白效果，从中获取灵感，利用黑白两色做一套创意服装设计。

第一节 纯艺术说 | 艺术的功能

我们往往习惯将形式作为设计风格定位，认为形式为设计扮演着表达情感、诉说文化、传递信息的重要角色。实际上，脱离了功能的设计，只会成为乏味的观赏品，这也正是设计与纯艺术的区别。

好的设计首先在形式上能够征服受众群体，然后在使用过程中深入了解功能层面的丰富与便捷。功能性是设计的最基本要求，现代设计越来越追求时代潮流，强调个性化、差异化发展，满足人们心理需求，才会受到市场欢迎，所以兼具功能与形态美应成为设计的主要原则，也是体现设计师独特风格与见解的手段。如图1～图3所示设计，不仅考虑到一种功能，而在其基础上遵循一定的审美法则与设计原则，创造出更多、更实用的功能。

作为有目的存在的设计，通常与商业紧密结合，当然商业的发展并不应以牺牲满足人的本质需求为代价。具有“真情实感”的设计是最高追求，是传达情感的有力工具，现代设计对形式与功能要求的最高层次无外乎如此。独特风格形式的作品，将成为其本身以及功能性的代言。

图1

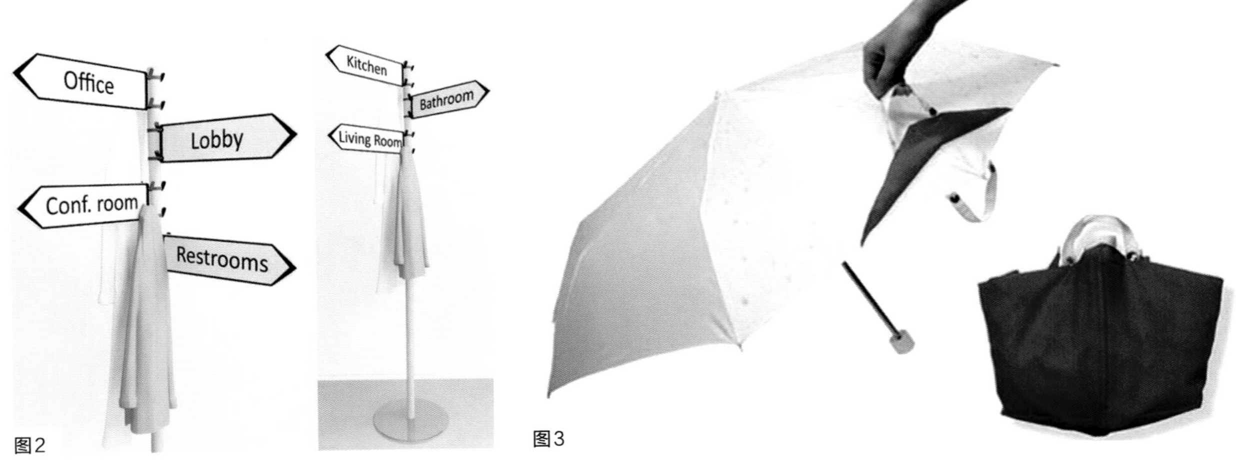

图2

图3

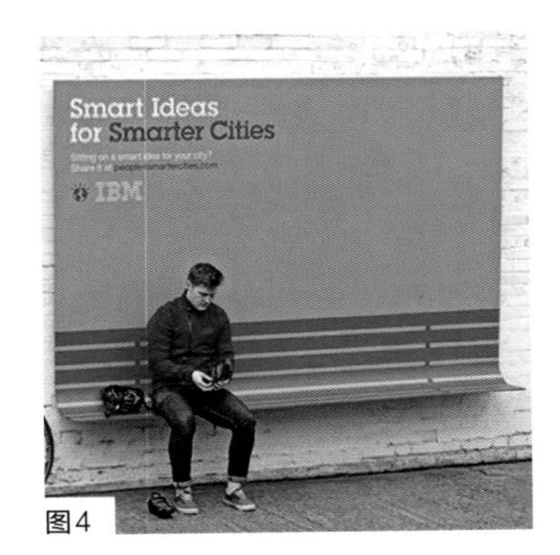

图4

图5

聪明点子总是能够一举两得或者多得，并且充满对社会和人类的关爱。如图4、图5，IBM公司遵循“智慧的理念为更智慧的城市”（Smart Ideas for Smarter Cities）的理念，通过传统户外广告的形式与长凳、雨棚等相结合，为市民提供能够休息的便利公共设施，有时候好设计也是对人性的一种思考和关爱。

图6

图7

图8

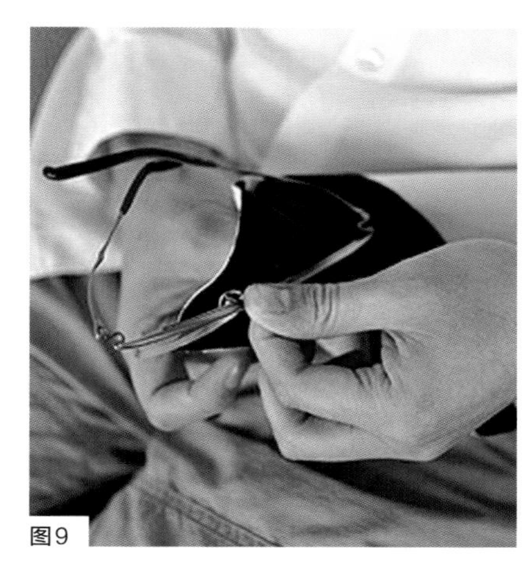
图9

松井克成（Katsunari）与五十岚（Ami Igarashi）作品

如图6、图7所示，这两件名为抹布（Wipe Shirt）的衬衫，在衬衫底边跟袖口处多加一块直径为头发丝1/1000的超细纤维纺织而成的黑色面料，如同光滑的皮肤与皮革一样，可用来擦拭眼镜和手机，原本应该洁白无暇的衬衫虽然“黑了一块”，但看起来依然潇洒。在这个近视、远视泛滥的年代，带有如此特殊功能的衬衣更具设计感。

思考与行动：

图10为古代壁画中官员形象，他们足下踩的即是“翘头履”。这种鞋充分地体现其功能与形式的完美结合（图11）。古代服饰以裙袍为主体，为防止穿着者被长袍边缘绊倒，鞋体翘头起到遮挡与托起的重要作用。另外，鞋头处于鞋子最前端，行走时如若碰到异物，必先触动鞋头，将鞋头翘起，可以起到警示和安全作用。

请思考在现代设计中将艺术与功能相结合的案例，并进行分析。

图10

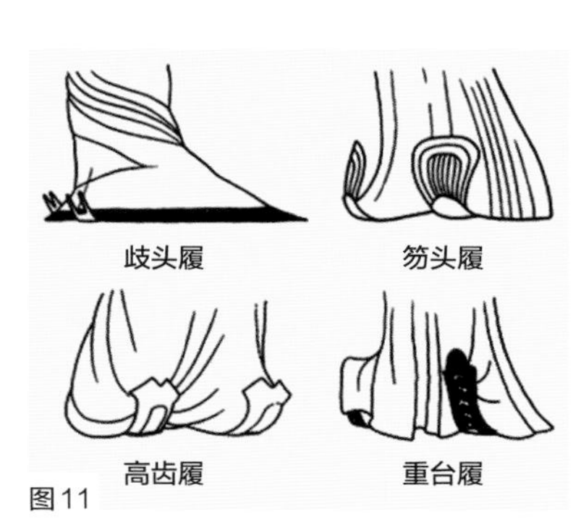

图11

第二节 泛后现代 | 雕塑风格

在摄影作品中，设计师经常把人物或景物雕塑化，体现新结构风格，展现奇异的形式感。如以上作品中，图1把衣服整齐地摆放成沙发状，图4把比萨斜塔作为鞋跟，不仅能强调元素的本质属性，还能重塑作品的涵义。服装是以人体为中心、以面料为基础的造型艺术。因此，也有很多人将服装称为“软建筑”或“软雕塑”。

在多元化社会环境中，建筑文化和服装文化都是简约与繁杂并存、解构与建构同在，建筑文化和服装文化在相互矛盾而又相互融合、相互促进的过程中共同发展起来。曲线风格以及比较柔和的外轮廓令人印象深刻同时又能感到一些人情味，不像硬雕塑那样冰冷。

图1

图2

图3

图4

图5

建筑或雕塑在本质上属于立体造型。如果说形态、色彩和材料是决定服饰语言的三个决定性因素，那么决定建筑语言的也是造型（结构），色彩（光）和材料（肌理）。在形态构成和色彩这两个因素上，建筑和服装有其相通之处。

在形态结构上，建筑和服装都是“容器”，人是主体，皆体现“以人为本”的设计原则。一幢建筑物、一套服装都涉及对比例、尺度、虚实和韵律等关系的处理。

色彩上，服装追求强烈的视觉第一印象。色彩也同样影响建筑、雕塑在周围环境中的表现，体现结构方案的稳定性与生命力。

世界因肌理的千变万化而异彩纷呈，花样繁多的绚丽色块好似漫不经心的音符，由不规则的流线切割而成，没有对称，因为自然界本身就不规则。

图6

图7

图8

图9

图10

图11

麦道百清作品

图12

欣赏并解读这些创意作品，它们是雕塑还是真人模特？亦幻亦真的时尚，亦梦亦实的美感。它们疯狂地汲取雕塑的质感、色彩、肌理以及表现形式，使服装“雕塑”风格一览无余，既像是神圣的女祭司，又像风化千年安静的柱头，如同一部神话史诗在倾听，在诉说……

从20世纪80年代开始，走在潮流尖端的服装设计师与建筑设计师都意识到二者有特殊交集点。三宅一生曾说：“在巴黎，每一座建筑、每一堵墙……都能启发我的创作。”黑格尔也曾说“服装是流动的建筑”，道破了服装与建筑的微妙关系。当今服装设计师也在甄选自己钟爱的“雕塑”元素：褶皱肌理还原了罗马建筑的大气磅礴；荷叶边演绎层次丰富的韵律。无论是宏大的建筑群还是瓦砾间的细微之处，都能为服装设计带来源源不断的灵感。

图13

图14

思考与行动：

服装设计的许多灵感都来源于建筑与雕塑。由现代主义演绎的建筑雕塑表现得妙趣横生，或是以建筑般恢宏大气的线条和风格演绎服装廓型，又或是以雕塑般细腻的刻画方式处理服装细节纹理，对洗练线条和结构主义带来历久弥新的风格。

请拍摄5张你喜爱的建筑或雕塑照片，并研究其风格。根据此种风格，找寻与之符合的元素，并以其为灵感设计出与之风格相匹配的创意服装。

要求：把建筑或雕塑照片贴在设计稿旁边并写出分析报告及设计说明。

第二节 泛后现代 | 跨界式

当我们看到这些广告和设计时，应该思考：为什么同是一种方形，被放在不同的设计中可表达出不同的含义？这种打破思维定式的设计，不仅是一种新的设计追求，也表现出设计应该走出既定框架，探索“跨界”设计。现代设计艺术的发展，愈来愈要求设计师具有强烈的创新意识及创造性思维，进而做出多方位的设计作品。

跨界，代表一种新锐的生活态度与审美方式的融合。英文为“Crossover”，释义为交叉、跨越。今天，各个艺术门类之间相互渗透，拓展了创新思路。就服装设计而言，新材料、新技术的发展为设计创新提供了物质手段。如今，人们对于服装所带来的附加值更加关心，而“跨界”的服装风格，就可以满足人们对于各种风格的追求，如纸质饰品、光电都能戴上身。其实这不仅反映了科技的进步，同时也说明随着社会的发展，人们对新鲜事物的态度更加包容与宽泛。

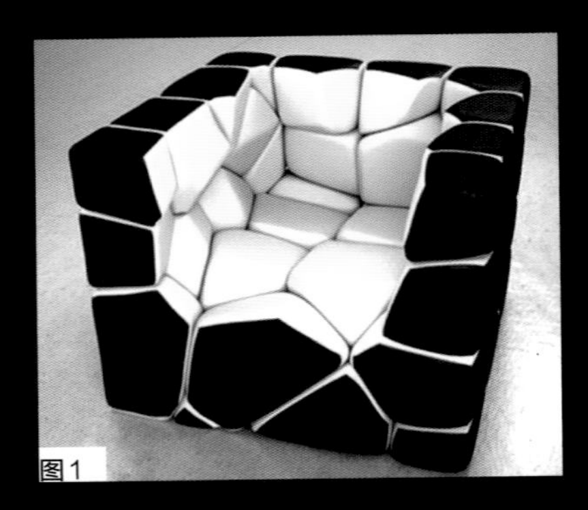
图1

图2

图3

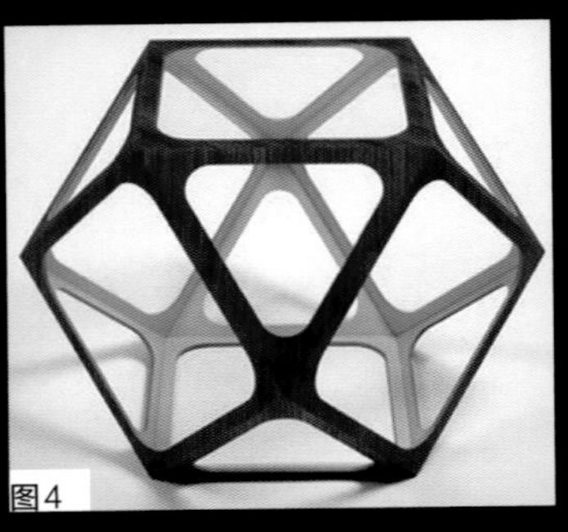
图4

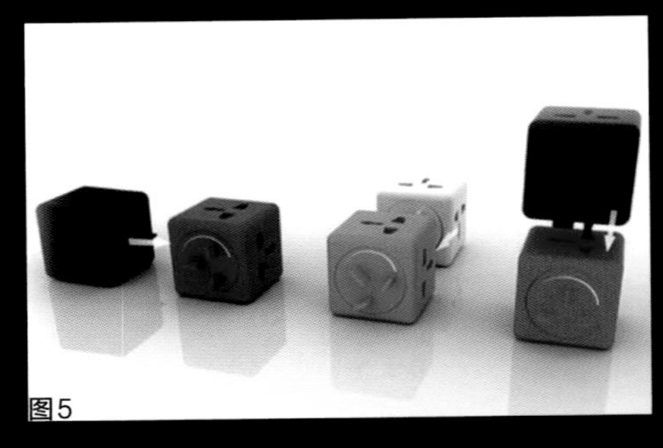
图5

图6

图7

图8

图9

图8、图9为东风日产（NISSAN）的广告片，设计者用车作为元素，构成手表、鞋子等形象，从中体现一种打破思维定式的跨界设计。在服装设计中，“跨界”设计手法层出不穷，大多表现在：（1）材料跨界运用。除了人们熟知的面料外，还有很多材料能被运用到服装设计中，就像是纸、木屑、金属等，甚至高科技的光电感应产品也可以被装置在现有面料中。（2）领域跨界思维。现在很多工装制服经过重新设计被日常穿着，这不失为一个跨界成功的案例。（3）服装廓型跨界。这使服装不再局限于一个固有轮廓。

图10　图11

如图10~图12所示，这则广告是不是让你也冲动起来了？想赶紧冲到购物中心疯狂一次？在这则广告大片中，我们看到服装全部使用大大小小的购物手提袋组成，既映衬主题又突出独特的时尚品味。我们原本认为手提袋只有装物之用，从未想过运用于服装，忽略了它成为设计语言的可能性。因此，大胆打破规则制式，运用逆向思维能够给设计带来无限创意。

图12

迪拜（Burjuman）购物中心广告

思考与行动：

如图13所示的创意摄影海报是不是趣味性十足？狗排队入厕的形象极具趣味性，以这种幽默方式表达现代人的制式生活，令人深省。其实，打破事物固有秩序需要有超越常规的设计理念与创造性的思维方式，它在不同程度上决定了设计的产生、完善和取得的效果。形成一个理想的创意设计方案，往往就是人们打破定式思维的结果，利用这种跨界去进行思维创意是现代服装设计的灵魂之一。其实，很多时候对于设计我们只想到了“可以做什么”和“应该做什么”，但恰恰“不可以做什么”和“不应该做什么”更能为设计打开灵感的钥匙。因此，大胆尝试跨界设计，用活跃的思维与聪慧的头脑打破“制式”，开辟一条创意无限的设计大道。

请你思考“打破制式”在当代服装设计中的重要性，以“寻找创意服饰之路”为方向，写一篇不少于1200字的文章。

图13

第二节 泛后现代 | 超现实主义的怪诞

图1

图2

你是否有胆量穿人皮仿生衣？见到人体行为艺术时又是否能表现得冷静？如图1、图2这些立意迥异、天马行空的创意，如果在现实生活中存在，恐怕对人们心理承受能力也是一种考验，这就是怪诞主义风格带给我们的直观感受。“怪诞”是艺术家用审美艺术形式反映真实生活的方式之一，以外表的玄妙幻想反映明确的目的性。怪诞的设计手法也给超现实主义设计风格插上翅膀，使超现实主义更加扑朔迷离。

何谓超现实主义？现代服装设计中，怪诞的超现实主义作为独特的风格为设计带来了新思路和新理念，起到了震撼和吸引作用。事实上，世界上有诸多艺术杰作都是优美、崇高、悲剧、滑稽、怪诞五美俱全的艺术，而怪诞又是艺术美中既震撼、神奇，又智慧、有趣的理念。

图3

超现实主义风格服装常以不可思议、梦幻呓语般的怪异造型表现现实中的冲突，创作风格反传统、反常规、反规则，带来耳目一新的审美感受。超现实主义的服装发展思路非常广泛，原材料使用极为丰富，几乎任何东西都可以运用到设计中，如金属的螺钉、橡胶的皮筋等无所不有。其中海洋元素也成为表现内容之一，如利用牡蛎壳等贝类设计的多层套裙；海牛装镶金属的迷人紧身衣；鱼皮、海藻制作的帽子等。

图4 图5 图6 图7 图8 图9

菲利普·托莱达诺作品

如图4~图9所示，菲利普·托莱达诺（Phillip Toledano）善于采取不同角度去表现画面，将自己对现实的理解通过荒诞、诡异等方式表现出来。在这组设计中，我们除了能看到超现实主义诡异的表现手法，还能看到怪诞元素在设计中的表现力。怪诞能使人注目、醒悟、警惕丑恶，能启发反向思维，这恰是它价值所在。

思考与行动：

怪诞元素是超现实主义最忠实的表达者。超现实主义艺术家都很关注人体及其局部，为了突出人体美，超现实主义作品中性成分亦随处可见。在服装中，主要通过造型结构以及图案来体现。

请找寻身边的怪诞元素并进行整合，创造出具有超现实主义风格的服装设计作品，并配以效果图及设计说明。

图10

第二节 泛后现代 | 解构重组

仔细观察图1、图2两幅图片，能看出他们之间的区别与联系吗？没错，螺母作为一个正六边形造型独立存在，而蜂巢却是许多正六边形的组合。虽然它们都是以六边形造型作为基础元素，但蜂巢的体积感却优于螺母，区别在于一个是孤立存在，另一个是量的积累与重组。当设计感到单薄时，我们可以换个角度，加大设计的体量感，从而得到一种“解构思想”，使作品焕发出全新活力，创造出更强烈的视觉冲击。

几何体面是设计者经常使用的设计元素之一。它虽简单，却给人以十足的分量感；它虽概括，却能更直观地说明问题。但在当今设计中，很少有人再照搬现有造型，多数情况是将它们进行“解构”再重组，形成新的构成模式，因为解构的结果常常能够标新立异、变化层出、活泼肆意、令人耳目一新。就服装设计而言，“解构”是一种将元素进行分解后再重新构成的过程。它构建了新的造型观念，是摒弃传统服装结构模式创立独特风格的手段。服装解构的新创原理，就如同把对称、有规则、格式化的东西进行交叉、扭转、错位、颠倒，使它既保持原有属性特质又产生无规则的美，推陈出新，继而发现一种意想不到的变幻与动感。

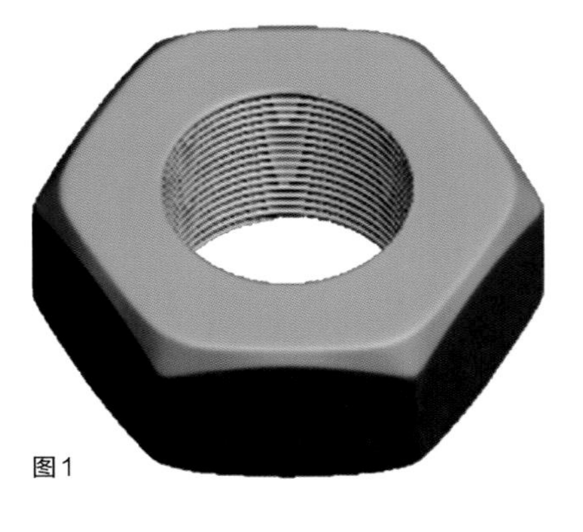
图1

图2

图3

图4

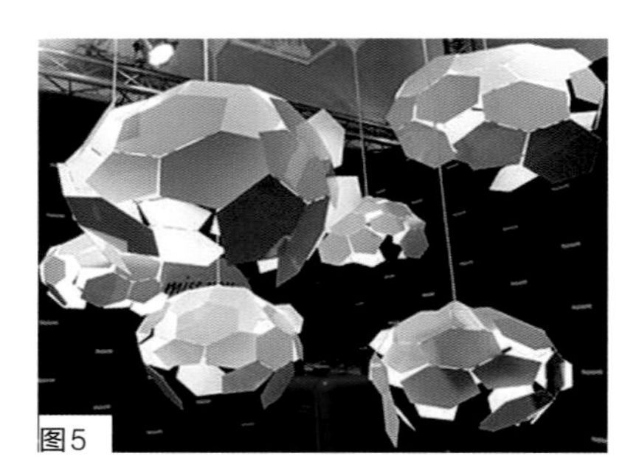
图5

无论是达利的油画作品（图6），还是新奥尔良市标志性三棱锥建筑（图7），都是由最基本的几何造型通过解构重组形成的新结构，体现出强有力的节奏感。解构主义服装看上去像是将元素进行荒诞组合与随意堆叠，就像是达利的油画那样怪诞，实质上却是对服装外在形象和内在结构等因素进行高度理想化思考。通过服装造型、面料材质和服饰图案，对传统意义上的服装进行了彻底的颠覆，他们将服装作为感情的载体，使其演绎出千变万化的风貌。

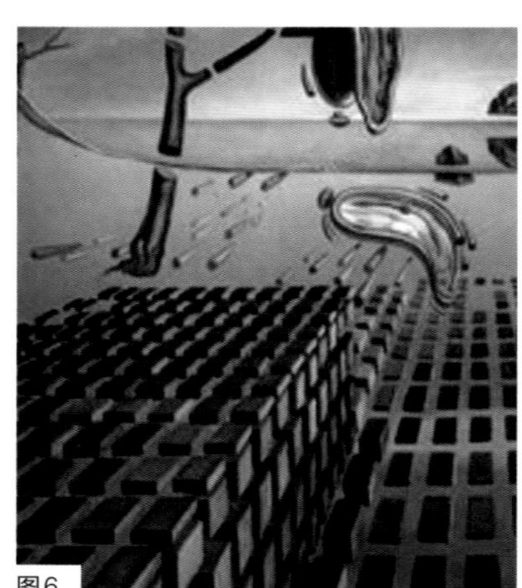

图6

图7

图8

图9

图10

图11

安米拉作品

图12

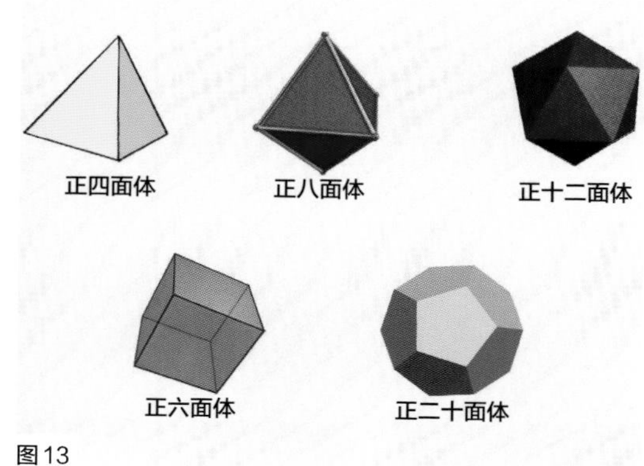

图13

柏拉图立体

我们在日常生活中能接触很多立体造型的物体，但在众多立体造型之中，最有“规律”的便是“柏拉图立体”（The Platonic Solids）。每一个柏拉图立体，都仅由一种正多边形砌成，他们分别是正四面体（Tetrahedron）、正六面体（Cube）、正八面体（Octahedron）、正十二面体（Dodecahedron）和正二十面体（Icosahedron）。设计师安米拉（Amila Hrustic）将“柏拉图立体”作为设计灵感，以简洁的形式，利用黑白两色将看似僵化普通的立体几何造型经过“解构重组”转变成雕塑感极强的创意服装作品，剪裁出兼具神秘感与时尚感的款式造型，表现出全新的状态与力量，让我们看到几何造型的解构重组方法在设计领域的创新应用以及在服装上的完美体现。

图14

思考与行动：

还记得我们儿时最喜欢的玩具——积木吗？它不仅是我们记忆中难忘的趣味，同时也能启发我们的智力，更是几何解构重组的最好体现。每当“大厦”倾颓后，我们又会重新开始，但却很难再搭建出与之前一模一样的造型，或许这就是快乐所在。如今已经成为准设计师的我们，或许可以重拾儿时的记忆，将小时候对于积木的热情运用到创意服装中去，利用解构重组的手法赋予元素新的活力。过去我们都是大范围地去理解解构，却没有想到细节元素也可以进行解构，这就是积木带给我们的启示。

请你利用解构重组的方法（可参考“柏拉图立体”的这种立体造型）思考细节元素解构重组的意义并对其运用，设计一系列创意服装。

第二节 泛后现代 | “建筑”服装

在漫漫岁月长河中，服饰伴随我们一路走来，而“风格”为我们研究人类社会提供了平台。服饰风格是一个时代、一个民族、一个流派或一个人的服装外在形式和内容方面所呈现出来的价值取向、内在品格和艺术特色。“风格”作为一种认知定位或体系，它不仅反映服饰的某种独特风貌，还对其延续与映射起指导借鉴作用，因此我们不能说风格是唯一的，它是多维度的，随之产生的映射从发展角度反映了风格的存在。通过风格及其映射，感同身受那一段过往的历史、热情的民族以及鲜活的形象，使我们可以丰富思维并更具文化性地看待创意服装设计，同时有助于构建起新的创意模式与创意思维。

其实，“风格”可以指艺术范畴的各个领域，如音乐、绘画、服装、建筑等。就像这几组图片，在设计中融入现代建筑特色，使其具有硬朗的节奏、结实的外观。因此，我们不能片面地看待风格，需要纵向与横向交错、历史与当下对比、学科与门类综合，只有这样才能将其运用自如并映射到创意服装中。

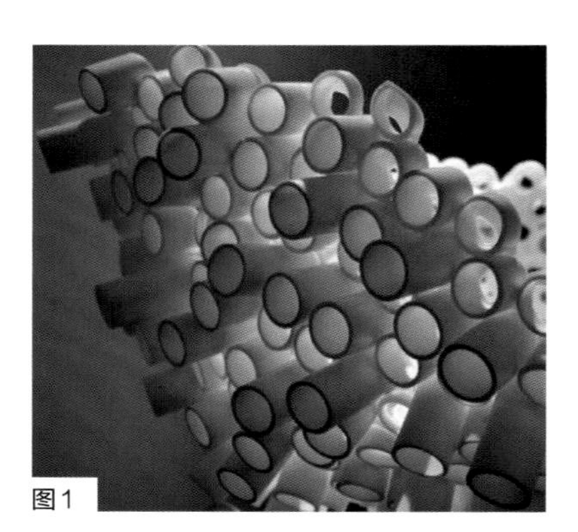
图1

图2

图3

图4

如图4所示，此系列服装设计出自托马索（Tommaso Aquilano）和罗伯托（Roberto Rimondi）之手，你在其中是否看到了高耸入云的塔尖及简洁坚毅的柱头？这是将建筑风格融于创意服装的体现。建筑感的服装在现代时尚洪潮中如鱼得水，尖翘的垫肩转折急促而结实；立挺的剪裁和面料，冷峻顺畅而平静。从某种意义上讲建筑与时装是一对孪生兄弟，如屋顶的翼翘被用于服装，化成飞扬的衣角。色彩刻意遏制，使其达到一种奇妙的平衡感。不难看出，建筑语言和时装语言是相通的，建筑工程在本质上就是“立体裁剪”。

图5

图6

图7

海尔彭作品

海尔彭（Iris van Herpen）是荷兰新锐女设计师，她擅长使用服装质感来体现设计风格，并加以足够的建筑味道，辅以夸张造型使服装独具创意魅力（图5~图7）。

在设计领域中，时装设计和建筑设计相通之处最多。因为建筑和时装都对人体起保护作用，二者又同为人类文化的重要载体，是有意识创造的物化形象。所以，二者必定要承袭人类传统的艺术观、人生观和审美观等。正因为时装和建筑有着密切的联系，所以历史上同时期二者的设计风格也具有同一性。建筑风格服装多以螺旋形、圆形和方形等简单的几何形来传达思想，从而使作品更“硬”、更“冷”。建筑元素服装普遍被认为具有反怀旧、反历史主义、反浪漫主义、反田园情调和反女性妩媚的风格。它大胆并且摒弃一切现代工艺的装饰，例如刺绣、花边、缎带等，取而代之的是金属感强烈、质感硬挺、略带光泽的，诸如镀层织物等带有科技感的新型面料，从而体现出钢铁、混凝土、大理石、玻璃、砖石冷峻坚毅的气息，这种风格明显带有前瞻性创意设计理念。

图8　图9

思考与行动：

建筑风格时装开拓了时装设计的新造型领域，并在结构上推进了时装设计方法的革新。建筑和时装的共通性体现于诸多方面，它们同为人类文明的纽带，二者设计出发点的一致性显示出发展的共通性。服装是把身体比例幻化成瞬间建筑，辅以挺括面料、立体剪裁，让着装者焕发出创意摩登的别样风采。请你：

（1）根据本章的内容，谈谈你对建筑风格时装的理解。

（2）设计一套具有建筑风格的服装，配以激发灵感的建筑图片并加以说明。

第二节 泛后现代 | 未来战士

图1

在未来感的设计作品中，光、电、色彩、造型等处处彰显着未来主义风格（图1～图6）。未来主义又称未来派，是现代主义思潮的延伸，是一种对社会未来发展进行探索和预测的社会思潮。1909年由意大利马利奈蒂（Marinettil）尝试，未来主义以“否定一切”为基本特征，反对传统，歌颂机械、年轻、速度、力量和技术，推崇物质，表现对未来的渴望与向往。

未来主义艺术家赞美技术进步与机器时代，努力寻找由外部刺激引起的随意运动和潜在物质的表达方式，将运动、能量和创新等元素注入新现代认知的典型价值中。这是一种具有创新崇拜和运动崇拜特点的艺术思潮，在未来主义价值的天平上，新、变化、发展意味着善与美；旧、静止、稳定意味着恶与丑。

未来主义作为一种充分体现时代精神的设计风格，一直是设计舞台中的重要力量。从科技不断融入生活的程度来说，未来主义必定能够不断延续下去。其设计元素无论是色彩、材料、造型结构还是光电运用，对于把握流行趋势进行设计都有很大的启示意义。

未来主义在造型上的显著特征是以几何形或流线形结构为主，或是两者兼而有之，可以看出这是对科技时代特有符号的运用，流露出设计师对工业造型的迷恋。

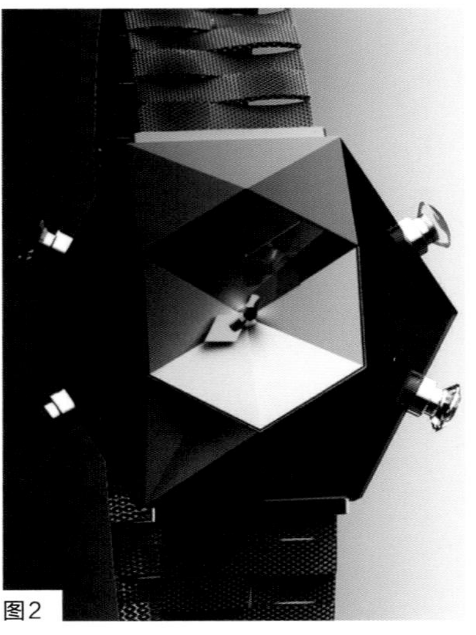
图2

图3

图4

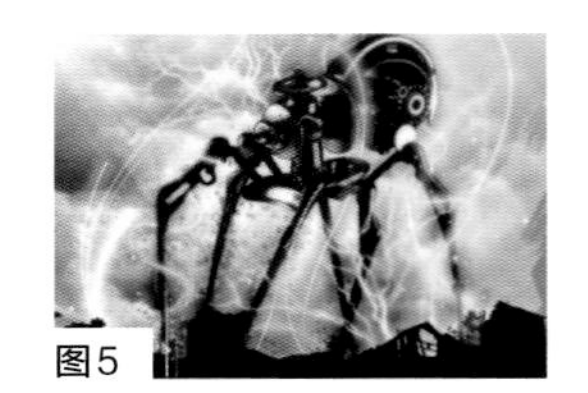
图5

图6

图7

图8

随着科学技术的高速发展，当科技融入生活和艺术成为当今时尚主流时，设计必然要与科技相结合。对于服装设计领域，创意“未来主义”风格需要把握：（1）充满力量的轮廓是关键。宽大的肩部设计可成为上衣亮点，并突出整套款式的线条魅力。（2）以无结构款式展现其曲线特色。（3）建筑学风格高跟鞋是展示未来主义风格的重要元素。（4）金属亮片装饰和不同面料搭配都十分重要。（5）银色手镯、耳环等配饰为展现未来主义风格起到装饰作用。（6）细节图案和夸张的局部设计可以起到点睛作用。（7）使用发光、闪光、反光强烈的面料都能增添未来主义风格的视觉冲击，如PVC面料、闪亮的尼龙丝、金属质感强烈的光缎，甚至锁子甲、金属片、各种亮片、亮珠等。

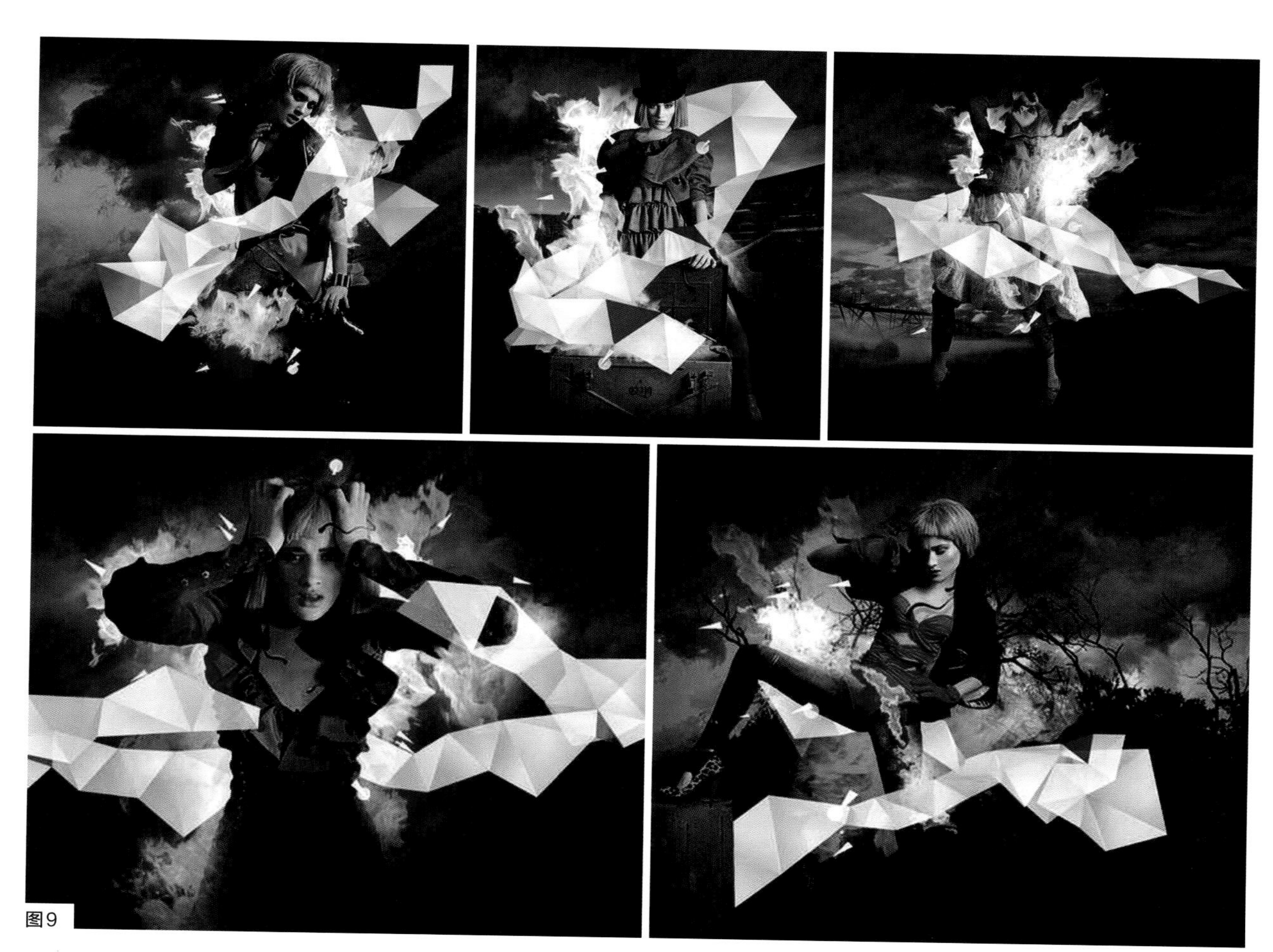

图9

反对者（Anti）工作室作品

在图9这组创意设计中，我们能感觉到声、光、电就在眼前，像未来战士穿梭于不同时空一样。这种设计极具未来感，而未来感设计将成为设计风潮中的宠儿。在“未来主义”时尚舞台上，光、电也可以成为一种服装材料元素进行创意设计。因此，未来感设计与科技发展相互关联、相互渗透。如今科技飞跃发展，科幻题材电影陆续热播，资源匮乏、全球变暖、环境污染等问题加重，把我们一次又一次带入对未来的思考。因此，只有握住时代脉搏才能产生更好的设计。

思考与行动：

未来主义通过动感的线条、前卫的造型和强烈的色彩强调现代科技感，吻合时代精神，因此不论是把握流行趋势、紧跟时尚潮流还是进行设计创新，未来主义都是永不落伍的题材。

服装领域的未来主义发展与20世纪60年代太空事业发展有密切联系，此后这种风格一直延续，不断以新面貌登上时尚舞台。进入21世纪开始，未来主义更是作为一股强劲力量影响着时尚潮流。请你：

（1）结合本章未来主义风格的要素，设计一系列创意服装。

（2）结合本专业，分析在未来主义设计中的专业重点及要素。

图10

第三节 别问我是谁 | 演绎芭比

从图1～图4中不难看出，设计师往往以一些众所周知的童话故事情节，或以童话故事为蓝本创造出具有戏剧性的情境。所谓情境，即在一定时间内对各种情况的组织和结合。德国美学家黑格尔则把情境看作是各种艺术共同的对象，只是在不同的艺术中有不同的要求。观众欣赏戏剧，也与情境有着密切关系。就如同设计者进行设计，消费者购买设计一样，都是对情境以及自身感受的一种需求与被需求，从而进行审美感受与审美判断，与人物或设计内容产生共鸣。现代服装设计的题材十分广泛，主题是作品的核心，也是构成流行的主导因素。设计师应从过去、现在和未来的各个方面挖掘题材，寻找创作源泉；同时还要根据流行趋势和人们思想意识情趣的变化，选择符合社会要求，具有时尚风格的设计题材，使作品达到一种较高的艺术境界。

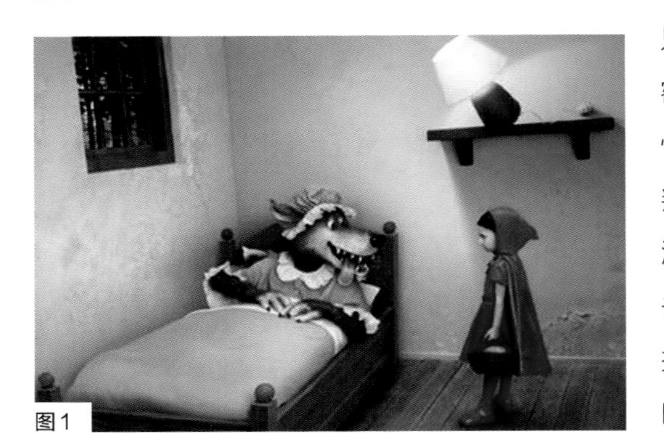
图1

图2

图3

图4

图5

学习情境设计的逻辑顺序：明确服饰应适于人们生活和生产上的需要——根据生活和生产需要选择合适的服饰种类——根据生活和生产需要判别职业服饰——设计自己的个性化服饰。人本主义心理学家卡尔·罗杰斯（Carl Rogers）揭示出："在这种关系中，情感和情绪能够自发地表现出来，它们并没有得到详尽的审查或遭受各种各样的胁迫；在这种关系中，深刻的体验、沮丧的和欢欣的能被分享；在这种关系中，能冒险地采取新的行为方式，并且不断地加以提高。总而言之，在这种关系中，他能接近于被充分理解和充分接受的状态。"真正的学习情境设计还包括拥有丰富的、有内在逻辑联系的学习资源。学习资源既包括知识，也包括信息。知识和信息是有区别的，正如日本学者佐藤学指出的："信息与知识并不是一回事。知识，是经验经过语言化赋予了意义的概念。它的形成包含了经验的主体、经验得以概念化的语脉和社会过程。反之，信息不过是抽去了这种主体、经验、语脉和社会过程的东西。"因此，积累情境元素，便成了我们设计的关键。

图6

图7

自1959年在美国横空出世以来，芭比娃娃以其引领潮流的百变时尚造型俘获了世界无数女孩的芳心。今天的芭比早已超出其作为一个玩具娃娃的定义，而成为一个经典文化符号。这个11.5英寸高的金发可人儿，自问世以来，已拥有10亿个造型，10亿双鞋子，甚至全世界有超过70位顶尖设计师曾为她量身定做服饰，这使其风格各有不同，在不同的情境中赋予人们不同的感受：或是甜美，或是清纯；有的冷艳，有的娇嫩。例如“朋克小魔女”艾薇儿就曾将恶魔气质带入情境演绎黑暗甜美芭比（图6、图7）。在设计中设计师要借助情境思维，把设计者、使用者以及使用环境等各种要素放在同一个情境空间中进行分析，满足人们的设计欲与物质欲等精神需求。

思考与行动：

情景化设计可以准确地体现主题，并能满足目标观众的各种需求。生活的意义就在事物的情境之中，为意义提供情境的那些环境和社会本身就是有意义的，因此设计师应该在产品开发初期就将情境和人本身作为设计定位分析的基本内容，研究特定群体的文化属性、生活形态、行为特征和活动模式等等。

阅读或回忆一篇你最喜爱的童话故事，为里面的3位具有代表性的主人公设计人物形象（包括化妆、发型、配饰、服装及活动情境）；根据创意形象，续写一篇童话故事，要求与原有童话有一定的连续性并需富有天马行空的想象力。

图8

第三节 别问我是谁 | 不单单是重复

我们曾看到日本前卫艺术家草间弥生（Yako Kusama）不遗余力地重复着圆点，创造出给人强烈刺激的视觉盛宴；我们也曾看到日本褶皱大师三宅一生倾尽热情地重复皱褶，剪裁出美轮美奂的创意礼服；我们甚至曾看到中国绘画中不厌其烦地重复着竹、马、山等，但却各显神韵、不曾雷同，这就是重复的力量。在设计中，重复实际上是指相同或近似的形态连续地、有规律地、有秩序地反复出现，从而把视觉形象秩序化、整齐化，在设计中可以呈现出和谐统一的视觉效果。就服装设计而言，“重复”可以指狭义和广义两种。所谓狭义的重复，就是指在服装设计的过程中，多次利用一种元素或者将一种元素进行大小、位置、规则及色彩的细微变换后进行的重复设计，这种重复体现的多是元素与元素间以及元素与整体间的关系。而广义的重复则是对风格的一种复制与延续，对于服装设计师而言，开创并坚守自己的风格是成功的条件之一。一旦形成自己的风格后，重复便大行其道，就像是我们看到加里亚诺的设计永远都是重复着其钟爱的奢华怪诞风格，同时这也避免了与其他设计师“撞衫”。

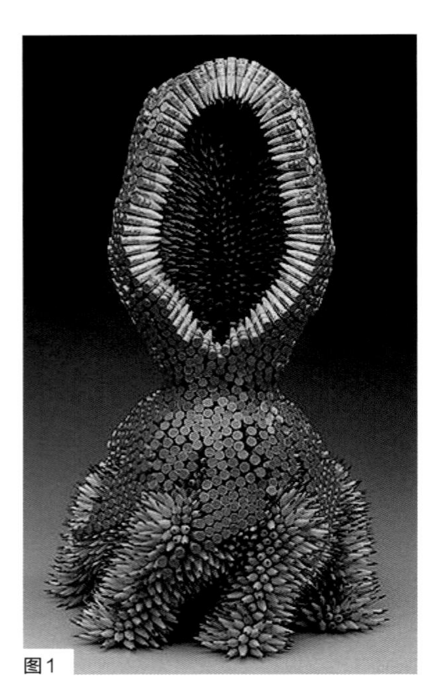

图1

图2

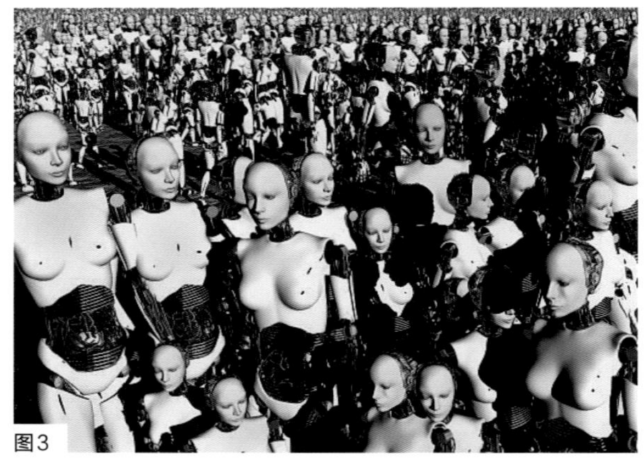

图3

创意服装设计中的元素“重复”概念是在借用元素数学概念的基础下，引申出设计中具有鲜明特征、构成服装具体细节的集合进行复制，包括色彩、造型、图案、材质、装饰等能够传达设计者理念的手法，当然这其中也包括服装自身结构功能的重复，例如扣子、口袋、内外层次的领子等。重复是服装设计中将元素进行整合的一种构成手段，若要将其恰当运用，就需要将元素的形态、材质、数量等进行综合考量。一般来说，这种单位元素的重复出现注重形式感，力求形成节奏感。重复可以使平淡的元素因多次出现而使人印象深刻。当然，在重复的过程中，必须要有全局观念，不能将整体割裂而单纯考虑某个局部的美感。抓住服装的整体效果，甚至要配合发型与饰品进行参考，同时也要明确服装最终所呈现的风格特征，协调被重复元素自身特征与整体设计的关系，这样才能创造和谐并富有美感的创意服装作品。

图4

图5

图6

图7

如图5~图7所示，厄瓜多尔航空公司的这组广告看上去创意感十足——用不同的元素构成风格迥异的翅膀，目的是要告诉人们：不管你想到哪里，想领略怎样的风情，厄瓜多尔航空都能带你到达你想去的地方。

图8

思考与行动：

通过厄瓜多尔航空公司的广告，我们可以看到重复的力量——将元素的复制与整合运用到创意设计中，使作品表达出理想的设计意图，并更具视觉冲击力，令人过目不忘。

设计5张时尚造型插画，每一张需有明确的主题思想，找出能够表达主题的确切元素，进行重复与整合，并利用到设计中，写出设计说明。

图1

第三节 别问我是谁 | 木偶情结

如图1~图5所示，看到这些图片，你一定认为自己置身于提线木偶的世界了吧？它就像童话一样深深地吸引我们。虽然设计表现简单，但整体用一种独有的视觉形象作为设计语言，加上不同的动态，给人以充分遐想并流露出丰富的情感意味。创意服装的设计手段可谓是变化无穷，除了对服装基础元素进行创意设计外，也可对服装进行风格变换和映射，使之具有一种醒目的形象风格。所谓映射，就是将风格的标志性符号特点进行放大或缩小，夸张或保守地运用到实际设计中去，并能在设计作品中体现风格的特征与延续性。如果说风格是一种固有的品质，那么映射就是一种多变的、灵活的手段；由于设计主题及目的不同，即使用一种风格作为灵感，经过设计者的主观处理，映射出或真实、或曲解、或延续、或变异的作品也在情理之中。

图2

图3

图4

图5

图6

图7

如图6、图7所示，在路易·威登的皮包海报中以木偶的情感形态表现出对拥有LV皮包的傲慢与欣喜，戏剧性十足，同时也使作品具有了独特的情感和个性。对于服装设计师而言，只有准确地表达出“形”与“态”的关系，才能获得情感上的广泛认同，进而实现有价值的映射。一件服装，除去功能外，还要能触动穿着者的心弦，使他们或爱或怜、或喜或欢；只有这样，创意的情感才能外化，设计与情感才能得到统一与升华，最终使审美价值与实用价值得到最大合理化配比。

图8

图9

图10

图11

缇娜·帕特尼作品

图12

如图8~图12所示，缇娜·帕特尼(Tina Patni)汲取芭比娃娃跟木偶的精髓，把“提线美女木偶”神奇地呈现在我们眼前。她用天马行空的思维与商业结合在一起，风格独树一帜。诡异、形式感强烈、颜色突兀、妆型奇特，但是在背后，又透露着一种深深的思考。作品中无论是简屋陋舍里的灰姑娘造型，还是深居别墅豪庭的贵族小姐形象，都是对服装风格的一种映射与再现。设计者找到了所需风格的标志性特征，并经过创意的延续与再造，使其在具有时尚意味的同时也切合主题，玩偶线的牵制与束缚体现出女性受到不公正待遇的普遍性，强调呼吁性别平等这一全球性社会思潮。

图13

图14

思考与行动：

风格就像一瓶沉淀浓香的酒，而映射就是酒打开后飘香的过程，这种“飘香”是一种尊重，一种传承，更是一种创新，使风格焕发出新的魅力，实现新的价值。请你：

（1）回顾本章所采用的说明图片并思考：它们同是提线木偶，为什么能映射出不同的情感与风格？

（2）以木偶动态小人（实物）作为创作对象，为其设计两套完整形象，使其映射出你独有的创作风格。

第三节 别问我是谁 | 符号·卓别林（Chaplin）

如图1~图3所示，不论是奥黛丽·赫本的高贵典雅，还是玛丽莲·曼森（Marilyn Manson）的诡异阴暗，亦或玛丽莲·梦露（Marilyn Monroe）的性感撩人，他们都已定格在经典的银幕形象上，就像记忆符号一样深深地印在我们的脑海中，永不褪色。

在进行创意服装设计时，除了应充分考虑受众的使用与审美功能外，也应考虑如何增加作品的辨识度与受众的理解程度。当下社会是一个综合考虑个人品味与个性的环境，在这种背景下，设计者赋予设计何种解读是至关重要的，这也是着装的文化意义之一。增强作品辨识度最有效的捷径就是利用经典形象进行再设计、再创造，使其在具有辨识度的基础上，凸显时代性与风格性。

图1

图2

图3

图4

图5

图6

如图4所示，卓别林的银幕形象虽是一成不变的，但他内心的变化是极为丰富的。在多数影片中，他都是以小人物示人，内心却充满了绅士风度，这种强烈的矛盾造就了他善良、卑微、坚持的银幕形象。这种“符号化”的服饰风格与性格特点，令人印象深刻，记忆犹新。

图7

图8

图9

图10

图11

图12

图13

刘冰作品

设计师从“典型形象”的服装语言要素入手，深入剖析卓别林银幕形象产生的背景条件与其标志性妆容产生的过程。在操作中，服装元素的运用从未脱离过时代环境及服装所在背景下的文化内涵，提炼概括出研究对象的形象特点以及“符号化”的服装要素。这一过程往往能够激发设计师无尽灵感，并从中甄选出经典形象所具备的物质元素与精神风貌，将其复原、概括、凝练、调整、创新，使之运用到符合现代时尚审美与着装潮流中的男装设计。

此系列作品中（图5~图13），精神与灵感高度一致、表现与风格高度统一、形象与主题高度吻合且质感与细节高度和谐。以标新立异的创作方式，将前卫时尚的设计理念和积极向上的生活态度注入到作品中，使作品更生动，并具有开创性与代表性。

图14

思考与行动：

任何一种“符号化”形象都具有浓厚的历史韵味，都是经过历史沉淀与打磨所形成的。就像本节中提到的卓别林，他别具一格的独特形象正是在当时社会背景下所映射出的一种符号，它既具有普遍性也具有特殊性。符号化的形象对于文化“求同”，对于设计“求异”，在潜移默化中影响大众对社会文化的认知。

请以一个经典人物形象为创作蓝本，设计一套具有典型“符号化”特征的创意服装。

图1

图2

第三节 别问我是谁 | 肢体交融

当我们阅读一篇文章时，最先映入眼帘的往往是题目。同理，当我们观赏这些设计与摄影作品时，最先关注的往往是每一个作品想表达的情感主题。这个情感的准确表达，就是作者对作品主题的确立与传达。

主题，即主题思想，是指艺术作品通过描绘现实生活和艺术形象所表现出来的中心思想，是作品的主体和核心。主题性的设计是一种充分发挥自我认知和认可的文化思想，是开启设计灵感线索的依据，从而使作品实现专一的多样性创作，强化作品的精神与物质价值。

主题设计之所以成为服装设计的常用方式，是因为人们发现创意作为高附加值的来源，是设计领域竞争的焦点之一。确定主题的过程则是将创意集中化、具象化的过程，因此这个环节显得格外重要。

图3

主题对于整个设计团队有指导和限定作用。首先，主题就像大海中的灯塔，引导着整个设计团队。所有的设计都将围绕主题产生，设计团队可以根据主题分配任务，既可以根据主题划分为不同的设计组，也可以根据主题制定相应的任务进度，根据主题来划分开发时间等。其次，每个主题从风格、色彩、款式和设计手法上规定了设计方向。设计师可以根据主题来开展联想，选择最为恰当的设计元素，这样的指引非常有必要，因为时时刻刻都有很多资讯，设计师容易感到混乱和无所适从，此时有了设计主题的限制，设计师的创意就不会违背品牌精神。最初的设计概念是模糊而笼统的，但在进入设计阶段中后期时，就会发现最初确定的主题可能不够准确，或者不够流行、不够新鲜。随着设计思路逐渐明朗化，可以对不尽人意的主题进行调整，使整体设计更完善。

图4

图5

图6

图7

图8

主题性强的设计作品有助于增强观看者对设计的注意，能够增进对设计内容的理解。要使作品具备较高的吸引力，进而鲜明地突出诉求主题，可以通过对以下原则的把握与运用来实现。

（1）全部造型元素以主题的意念和风格为中心。

（2）按照主从关系的顺序，使放大的主体形象成为视觉中心，以此来表达主题思想。

（3）将设计文案中多种信息作以整合，筛选有助于确立主题的形象。

（4）从款式、色彩、造型、材质等方面，运用与主题相对应的元素。

图9　　布朗克（Blanq）工作室作品

如图9所示，“一种束缚，一种成长，表现出女人挣脱束缚的决心与欲望”，这是创作者对设计主题的诠释，而设计的主题性，不仅是设计的中心思想，更是灵魂所在，没有主题的设计，就没有了针对性。失去主题，在经济方面意味着失去市场；在艺术方面意味着失去创作的感动。

如何创造新主题是每个设计者都要思考的问题，成功的设计应走在潮流前端而不是随波逐流。要使作品充满活力和新意，就要求我们更加注重对周围事物的观察，通过现象看本质，全方位地感受、体验、更新设计观念，进而明确设计主题。

思考与行动：

我们在设计每个作品的过程中都具有不同的情绪诉求，也不知不觉地融入商业需求。有主题性的设计是一种思想运用又是一种焕发灵魂的谋略，但必须具备相应准确的参照信息法规，这将更有利地传达、转化设计思想与素材资源（如流行时尚、艺术、书刊、建筑、民俗风情、历史、自然等），并为主题性创造积累更多灵感。在今后设计工作中，鲜明的主题能够为设计师团队指出明确的设计方向，为整个设计过程理清思路，便于设计团队分工合作。在设计开发工作结束之后，主题还为将来的产品销售奠定了良好的推广基础。请你：

（1）找出当今设计中，设计的破碎感——无主题性存在的形式，请你对这种现象进行分析，并提出你的看法。

（2）通过主题性设计学习，进行一系列主题性创意设计与开发，并写出开发案。

图10

第三节 别问我是谁 | 暗夜哥特

如图1~图6所示，每一张作品都有自己的独特风格并诉说着各自的故事。所谓风格是指艺术家在艺术创作中所体现出来的特点，也可针对一个流派、一个时代、一个民族等。在设计实践和设计管理过程中，产品和服务所采用的风格是设计师及管理者所必须面对的关键问题。风格化在很多时候与写实相对，它具体指艺术创作者在描述阐释一件事或物时，采用偏离原始印象的手法，同时也是艺术创作千差万别的表现。比如，在电影枪战场面中，有的导演也许会使用弹药狂轰滥炸地直接渲染战争氛围；有的导演却会避免直接表现而注重细节，例如仅在镜头中描写一个眼神或几只鸽子，也能达到震撼人心的艺术效果。在绘画中，特别是现代插画中，画家们也能够通过各种技法使画面风格与众不同，如异化笔触、风格做旧、画面残破，或是对造型进行夸张、变形、扭曲、幼稚化等。

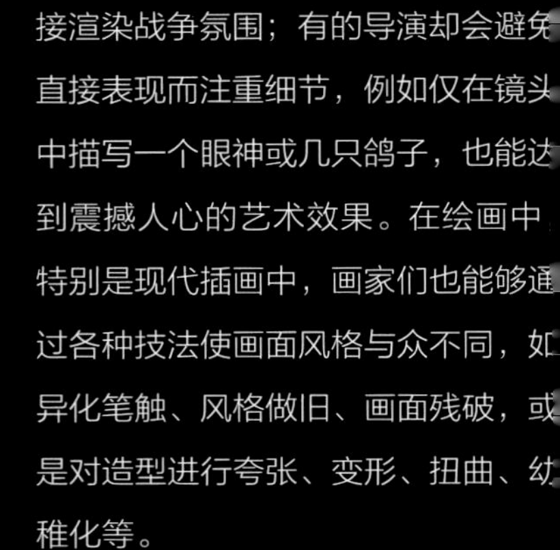

图1

图2

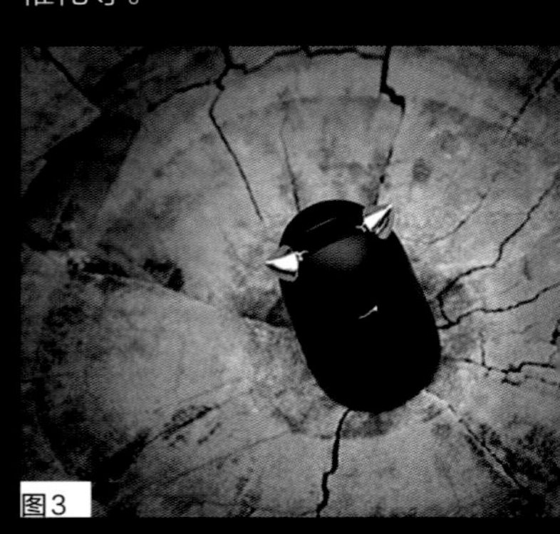

图3

图4

图5

图6

风格之于人，之于艺术，之于地区和时代，几乎无所不在，但是风格化却显示出一种主流，一种定式，一种基调和一种普遍性。在服装设计领域中，风格化的设计比比皆是。形成服装流行风格化的因素有：（1）经典的流行图案的影响。例如简洁明朗的几何图案始终备受设计师的青睐。（2）流行的艺术思潮带来的影响。一直以来各种艺术思潮对服饰风格的影响从未停歇，并通过材质，纹样等表现出来，如同波普中的通俗漫画、新艺术运动的动感曲线影响至今。（3）地域民族风情影响。设计师们一次次不厌其烦地掀起民族风浪潮，如非洲原始质朴的文化、埃及神秘莫测的图腾、东方古国悠久浪漫的韵味。这些都成为设计师表现风格最有力的手段。

图7 图8

克莱夫·阿瑞史密斯作品 图9 图10 图11 图12

克莱夫·阿瑞史密斯（Clive Arrowsmith）是一位知名国际摄影师。他的作品曾刊登于英国版和法国版的*Vogue*、《星期日泰晤士报》、*Vanity Fair*、*Esquire U.S.A*、*F.T.*"*How to Spend It*"等杂志（图9~图12）。虽然是摄影作品，但是我们不难看出，照片最吸引人的地方依旧是服装。其服饰不仅风格独特且完美地诠释了作品所传达的含义，就是这种具有风格意味的设计创意，使人记忆犹新。反观自身，我们在设计中怎样融入风格化的设计，这也是现代设计师所面临的重要课题之一。

思考与行动：

风格化历史由来已久，事实上，大多数成功的设计师都有自己独特的风格，但这种风格并非预设的目标，而是由多年视觉经验与文化浸润所形成的，如毕加索（Picasso）的立体主义，亦是经过多年沉淀加之在各个时期吸收前辈成果和大量艺术实践而形成。风格化作品能很好地为公众识别记忆，这就符合了商业运作中关于有效识别与广告效应的要求。

请根据对"风格化"的学习及理解：（1）用相机拍摄3组具有你独特风格的情境的照片，主体可以是人也可以是物。（2）请以身边一个同学为创作主体，找出能体现他（她）风格的图片，并用ppt呈现出来，下节课让我们猜猜他（她）是谁？

图13

第五章
质感与纹章

纹章亦称文采，起初为古代绣、绘于皇帝冕服上的花纹图案，后广泛应用于其他服饰。古代天子冕服最初有十二章纹样，即有12种花纹图案。纹章是设计者根据使用和美化目的，按照材料并结合工艺、技术及经济条件等，通过艺术构思，对服装的造型、色彩、装饰纹样等进行设计，然后按设计方案制成的图案。

“每次见到小孩子在街上、在沥青路面或在墙上乱涂乱画，我都会停住脚步……他们笔下的东西往往令人感到意外……总可以让我学到一些东西……”这段摘自《毕加索语录》的文字，这也正说明，无论何种图案它都能带给设计一种新的启迪，而纹章所传达出的外在表象与精神内涵对一件服装的创意设计和质感提升是不容小觑的。我们往往认为质感只是面料所带来的触感，实质上服装质感更多体现在通过使用视觉传达方式带给观者心理上的感受。因此，在设计中要勇于尝试与不断探索纹章存在的文化内涵与表达方式，继而不断提升服装质感给人心理带来的愉悦享受。

第一节 属性的表情 | 纯粹质感

质感在服装设计环节中具有重要的地位，良好的质感可以决定和提升服装的真实性和价值性，使人充分体会服装造型整体的美学效果。大胆地选用新材料，充分挖掘材料的表达潜力，并运用一些反常规手段进行材料二次加工，使质感在表象或性能上有所变化，往往能创造出令人惊喜的服装风格。

在设计中，我们常常会忽略自己的真实情感，运用分散且多重的手段进行塑造，利用元素的零乱、色彩的肆意和材质的繁杂设计出看似颇有力度的作品。实质上，手法的笨拙、造型的可笑和情感的杂散使得最后的成品形如空壳，毫无生动性可言。其实如果能尝试减法，甚至只采用一种材质，表现一种质感，宣泄一种情绪，运用一种手段进行思考，并坚持贯彻最初的设计思维，这或许将成为设计的一个新出发点。就像图1～图5的这些设计作品，虽然都是透明光感极强的材质，但是给人的直观感受却是大不相同的，冰冷，通透，现代，可爱，他们的表情千差万别。这就是不同材质所映射出的不同质感与直观感受。

图3

图4

图1

图2

图5

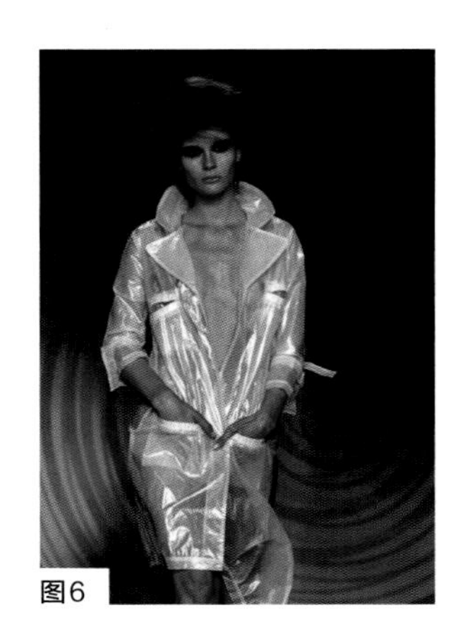
图6

图7

如图6、图7所示，让·保罗·高杰艾（Jean-Paul Gaultierher）在马德里服装展上展示的透明塑料质感的创意服装，它们都清晰地用简单专一的材质传达设计思想，并诠释着不同风格所给我们带来的审美感受。

“单一”能让我们更单纯地感受自然属性“最纯粹的质感”，这时会使人产生许多感性的联想，就像玻璃、塑料这种透明的质感透出一股强烈的现代气息。在现代服装中，回归自然与本真的质感也成为热门，因此使用天然本质的面料就是一种美。经过刻意加工的材料，表面效果丰富了，但服装的价值不一定有所提高，有时反而会显得矫揉造作。

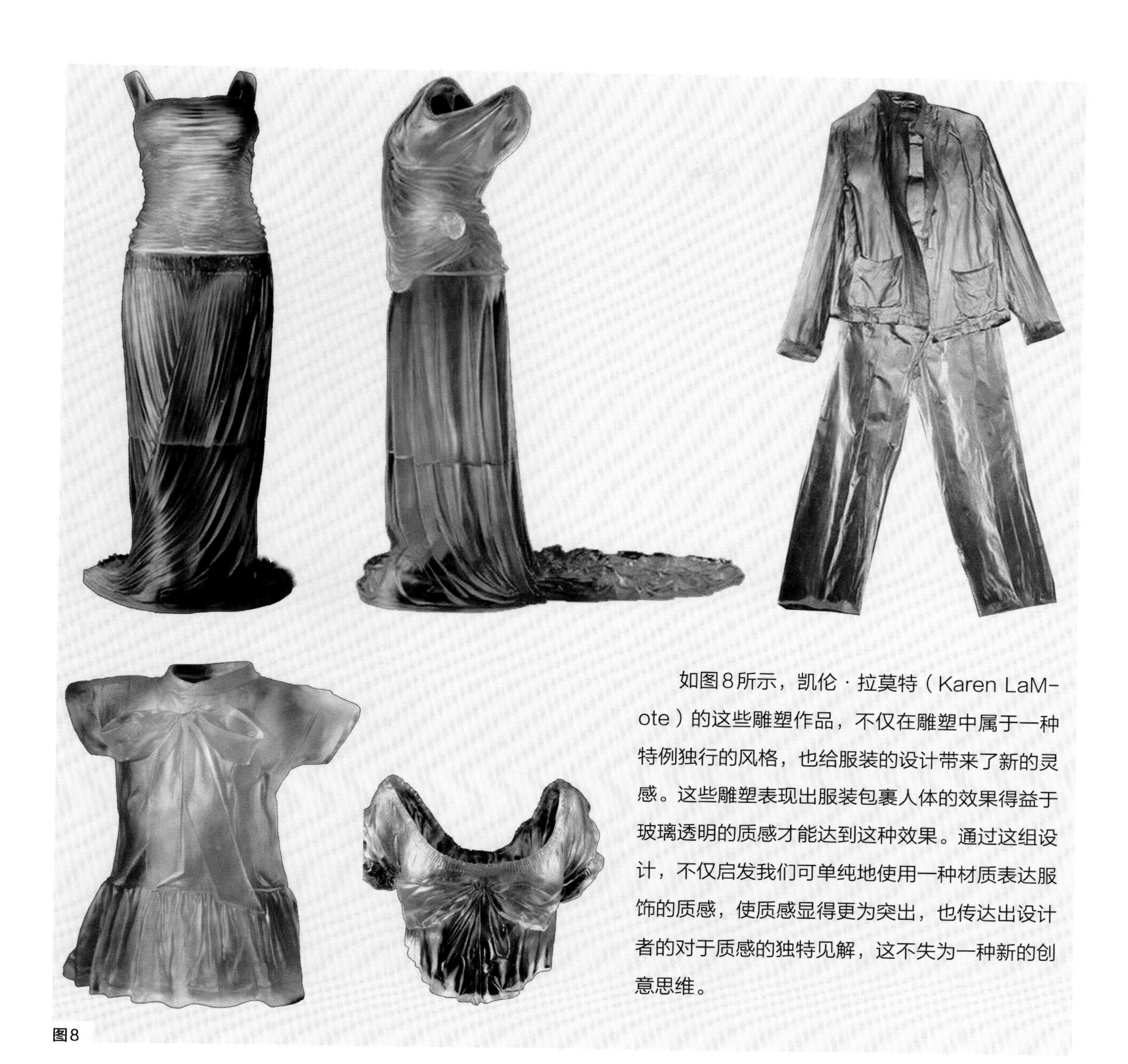

如图8所示，凯伦·拉莫特（Karen LaM-ote）的这些雕塑作品，不仅在雕塑中属于一种特例独行的风格，也给服装的设计带来了新的灵感。这些雕塑表现出服装包裹人体的效果得益于玻璃透明的质感才能达到这种效果。通过这组设计，不仅启发我们可单纯地使用一种材质表达服饰的质感，使质感显得更为突出，也传达出设计者的对于质感的独特见解，这不失为一种新的创意思维。

图8

思考与行动：

设计中的质感存在，主要体现于科技、自然和人文社会因素中，在服装设计中，质感的表现对作品成型与风格塑造起着重要的作用。

请你思考“设计中最初的坚持”与“纯粹的质感”的关系。然后用一种简单的材质表现出不同质感，进行一次尝试性设计研究，写出研究说明，并画出草图。

图9

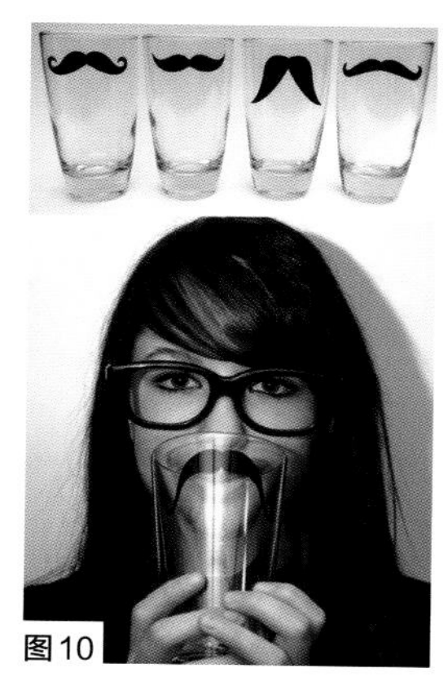

图10

第一节
属性的表情

"绿色"质感

服装的绿色环保作为一个质感理念引入时装始于20世纪80年代，1997在德国杜塞尔多夫成衣展中，首次集中展示了环保服装，并颁发时装环保奖，将绿色环保理念推向了一个更新高度，使得环保、休闲、健康开始成为一种世界性的语言，成为绿色质感服装的标志。

绿色质感服装是指在原料、生产、加工、使用、资源回收利用等全过程中，能够消除污染、保护环境、维护生态平衡，对人体无害，有益于身体保健的服装。绿色可循环主义要求服装设计的每一个环节都要充分考虑环境因素，减少对环境的破坏，其核心是"5R+1D"设计理念，即为减量（Reduce）、再利用（Reuse）、回收（Recycle）、循环再生（Recycle）、环保选购（Reevaluate）和降解（Degradable）而设计。

图1

图2

图3

图4

图5

图6

图7

如图5~图7所示，服装材料虽然都是碎纸屑，但是经过设计师的创意，也能将它穿出大牌风尚。那么，在服装设计的过程中，如何进行绿色质感的服装设计呢？（1）服装款式设计。绿色质感服装设计要求放弃过分强调造型上的标新立异，应在实用、简约、质朴的设计风格基础上寻求变化与创新。（2）服装结构工艺设计。服装拆卸是回收再利用的前提，直接影响服装的可回收性。服装拆卸的作用有两个：①服装材料的回收。②服装部件的重复利用。（3）选用绿色材料是绿色质感服装设计最直接有效的途径。新型保健面料的开发对维护人体健康、增强衣物舒适性、实现绿色设计提供了更多的选择和保证。（4）色彩方面。将人为的服饰设计融入自然场景，充分展示人与大自然的和谐，给人以清新淡雅的感觉，别有一番田园情趣。（5）纹样方面。常见的是将动植物纹样作为描绘的对象，展示人与大自然的和谐相处。

图8

图9

图10

马太·布罗迪（Matthew Brodie）作品

服装设计者每每谈到“绿色质感”，往往就是想到要使用旧报纸，塑胶袋，坏光盘等废弃物，材质上看起来环保，但实质并非是一种低碳的做法。让我们看看图8～图10这个创意，单是靠彩色纸张，在设计师的创意下瞬间变成美轮美奂的裙装，将纸张和文具结合在一起，这种由内到外的环保，显示出当今创意设计的一大主题——绿色质感。

服装设计与环保并非对立面。美由心生，任何情况下，人们都希望设计能够磅礴大气、赏心悦目、触动人心，这便是回归人性本真的最终动力。作为设计师，更多时候是一种资源整合，我们整合手中的设计思想、设计资源以满足社会及大自然的要求，更是对美的一种塑造、一种延伸、一种整合，同时也体现出“绿色质感”服装最初始的追求。

图11

思考与行动：

服装反映了社会、国家的物质文明和精神文明，彰显了不同时期的时代精神、社会风尚和大众素质。人类已经进入新世纪，服装设计也必须树立新观念、新思维、新方式才能跟上时代发展的步伐。当今服装设计的趋势已不是单纯解决人们对物质的追求与生活享受的问题，还必须顾及到人类赖以生存的物质基础——自然环境。播种绿色就是播种希望，服装设计师应用“绿色”的心态和情绪去控制这种人性化设计，使设计反映出充满生机的意象。这样的方式既体现对大自然的尊重，又体现个人的创作风格。

请根据“绿色质感服装”的设计原则，找寻你所需的可回收材料。

第一节 属性的表情 | 纤维·线型

很多喜欢毛线编织的人，他们不局限于满足依照已有的样式打出一件毛衣或是围巾，将毛线编织或是毛线元素与更广泛地家居生活结合起来，更能激发大家的兴趣。毛线创意属于纤维艺术范畴，那么纤维艺术在创意服装设计中究竟占有什么样的地位呢？

随着现代主义文艺思潮的影响与传播，服装设计师们逐渐发现了纤维艺术中使用各种材料可以创造崭新的艺术形式（图1～图7）。同时，纤维也是服装中的重要质感元素和原材料，加之其形态的多元性、风格的多样性、材料的综合性等因素，被设计师们广泛认同并看重。此时，纤维质感的表现顺理成章地成为服装设计中的一个重要手段。运用纤维进行创意服装设计时，我们可以发掘更多方法与形态，不要被禁锢在编织、打结等传统工艺手法中，进行尝试性的逆向思维，甚至破坏性试验，以此实现纤维材料的新质感，开发我们潜在的创意思维。

图4

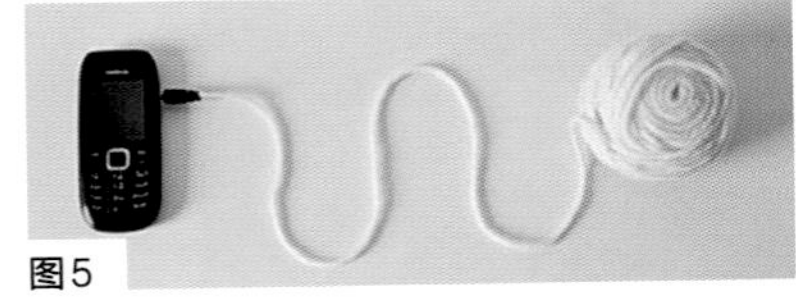
图5

图6

图1

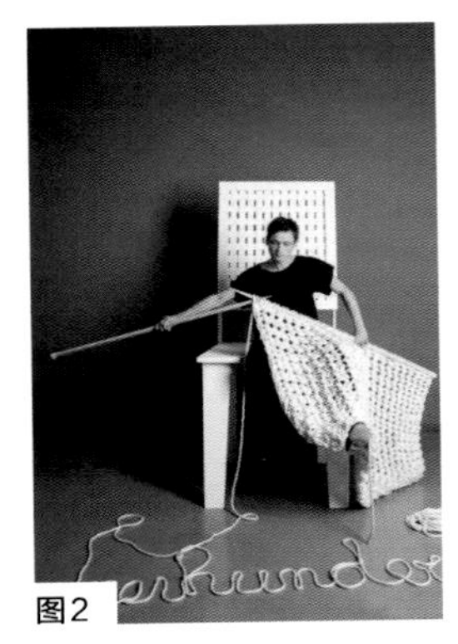
图2

图3

图7

图8

图9

面对过于冷漠和坚硬的建筑外壳，人们更加向往重归自然的深层感情交融，希望沿着心灵的轨迹去思考并体味返璞归真的人文关怀。在这种语境下，无论是哪个领域的艺术家，都更加关注“质朴质感”。服装设计师们从不跟风，但是对于“质朴”的诱惑也无招架之力。很多设计师从关注色彩与廓型转而关注“质朴质感”在整体服装中的体现，从而使天然纤维在服装设计领域的使用转向更广阔的大众生存空间。就像我们看到的图8、图9这两组设计作品，将最简单的纤维按照已有的造型进行缠绕，使之成为新的设计，给人以返璞归真、自然朴拙的“质朴质感”。

图10

图11

图12

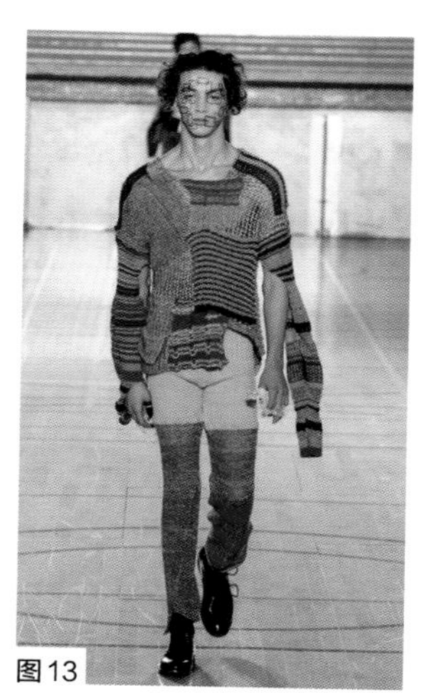
图13

如图10～图17所示，此系列依旧将“朋克教母”的服饰风格表现得淋漓尽致，棒针交织出的棕榈花配以拼接工艺的标语文字图案，将街头风格推向时尚巅峰。很多时候我们只是就材料的物理性质进行不同的拆解，很少考虑材质经过重组后所呈现出的质感。而不同质感表达出不同的服饰样貌与风格，正如薇薇安·韦斯特伍德的作品，不仅颠覆人们对毛线编织的传统认知，还打破了柔软织物塑型的随和与温柔，进而呈现出一种叛逆与不羁。这种质感印象的冲破，也启迪我们，如果将毛线作为一种设计语言或是一种质感媒介进行创意，甚至打破毛线原有的感官呈现方式，加之以烧、剪、拆，以及堆粘、团线、缠绕等塑造基本形态的手段，那又会产生怎样的创意作品呢？

薇薇安·韦斯特伍德作品

图14

图15

图16

图17

图18

图19

思考与行动：

如图18、图19所示，这两个富有创意的设计是“毛线哥”的标志之作，他把“织毛活”这个“土得掉渣”的事赋予了奇趣创意，并很洋气地组织了一个“妈妈团”，创立了毛线编织品牌“留胡子的人”（The Beard Man）。

即便我们对于毛线的理解只限于编织阶段，那么也让我们编出自己的质感吧！

请你：选用一种纤维，至少创意出6种以上不同的质感形态。

第一节 属性的表情 | # 谁动了我的牛奶

西班牙设计师奥斯卡·迪亚兹（Oscar Diaz）设计的虹吸日历（图3），又或是溅起牛奶的水果盘（图4），这些奇思妙想都是通过对客观事物的观察后进行的再设计，从而产生独特的质感。

不同质感的素材是设计艺术中不可缺少的设计来源，设计师通过对不同素材的感受和体悟，创造出具有独特个性的设计作品，因此，设计艺术必须要借鉴吸收各种不同质感的素材完善设计理念。

服装设计的素材来源于一切。从形式上大致可分为两大类：第一种为有形的素材。如自然界的山川、花草、河流等自然的物体与景象；其中也有被创造的物，例如建筑、机器、生活用具等，这种素材的质感一般都是有理可循、有据可证的。第二种为无具象形态的素材。如风、抽象绘画、音乐以及诗歌等，这些素材的质感是一种感性的、异于他人的观念，它的发挥空间更为广泛，任你遐想。在进行创意设计时，可以尝试将这些素材的质感转变成反向的概念颠覆其常态，或许这样能为创意增色不少。

图1

图2

图3

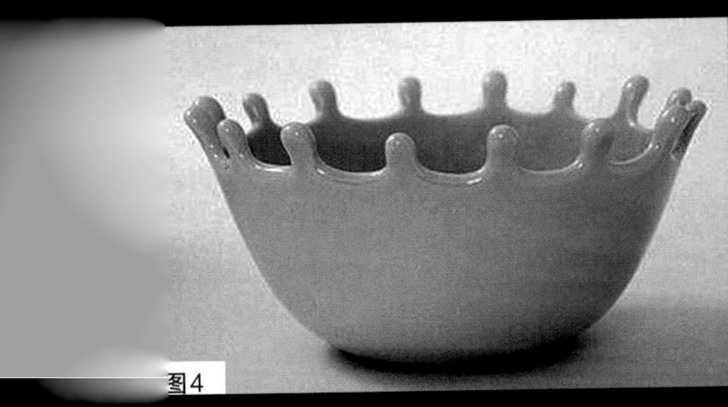
图4

图5

图6

图7

如图6、图7所示，“倒出的牛奶”来自设计师Yeongwoo Kim的灯饰，外形有着倒牛奶那瞬间的优美与幽默。

我们看到的以上设计都是以牛奶质感作为素材，设计师将质感的表现排列出多种可能性，根据不同的形式选择素材不同质感的存在方式，从而进入设计程序，最后跨越到创意的升华，这就是表现素材质感的一种渐进过程。

图8 图9 图10 图11
图12 图13 图14

安德烈·拉佐莫夫斯基作品

想没想过有一天牛奶也可穿上身？如图8~图14所示，摄影师安德烈·拉佐莫夫斯基（Andrey Razoomovsky）拍摄了一组有趣的时装主题大片，别出心裁地用牛奶为性感女郎制作霓裳，其大胆的创造力令人叹服。这次的牛奶主题系列鲜艳欲滴，利用了乳白色的牛奶将原本已经性感过人的模特儿凸显得更加性感销魂，虽然裸露尺度颇大但却完全没有色情的气息，倒是增添了几分美感。这就是将素材质感表现得淋漓尽致的最好范例，没有多余累赘的元素，没有华丽繁复的装饰，更没有精致到位的剪裁，仅仅运用素材独有的质感属性——流动感，就使得霓裳创意一览无余。

图15

思考与行动：

当今人们追求的是求新、求异、唯美，简单的替代、模仿、抄袭、重复已远远不能满足人们的需要。在设计的质感创新应用中，设计师将大千世界和宇宙万物运用联想和想象的思维，兼之形式美的法则，根据自己的审美理想，进行概括、提炼、归纳和组织，从中汲取营养。无论是物理作用的虹吸日历，或是线条流畅的牛奶灯饰，亦或是性感娇媚的牛奶霓裳都体现出设计师的别出心裁以及对生活的观察入微。

请思考作为服装设计师，忽略了身边哪种素材的质感以及其质感的哪种状态呢？

第一节 属性的表情 | 玩味皮趣

图1

看看图1~图5这些有趣的皮革设计，它们可以被做成碗，可以被切割成手机架，还可以被缝制成极具创意的花瓶，这一切都是源于皮革独特的质感，它不像纯棉那样随意，也不像真丝那样娇柔，更不像人造纤维那样趋炎附势。它带给我们一种最直观、最真实的感受，无需过多装饰，便能尽显它独有的品格，粗犷中的细腻、奔放中的精致。

皮革使用最多的领域当属服装。它被运用在服装设计中作主角成为大气磅礴的代表，作配角点缀得恰到好处。其实，当今皮革服装的设计应该走出传统着装观念的束缚——厚的质感就要搭配厚的面料，更要在寒冷的季节穿着。作为服装设计师，应该一改往日皮革所带给人们厚重的威仪感，当代欣欣向荣的和谐社会中，人们需要平常却又尽显品味的服装，与人亲和，消除距离，然而又要处处透着与众不同。

图2

真皮服装由于原料贵重，材质特殊，加工繁琐等特性，导致其款式品种、总体廓型以及基础结构等方面的设计变化空间要小于其他面料的服装。而且其他材料所能使用的装饰手段都无法运用。另外，皮料上还会有动物本身的自然肌理或纹理，因此对于花纹、色彩的把握，也成为体现皮革服装独有质感的重要因素。

图3

图4

图5

图6

皮革的材料质感是通过其本身风格所决定的，在进行创意设计的过程中，多数设计师都会将皮革进行二次改造，为的是更有力地突出与众不同的质感与视觉效果。改造一般多用以下手法：（1）手绘应用。使用专门适合在皮革上绘制的颜料（有油性与水性之分）通过压印、手绘、喷雾、工具绘图以及泼墨点缀等方法使皮革具有新的风格。（2）印花应用。主要包括转移印花，涂料印花以及染料印花三种。其中转移印花是对皮革最好的一种方法。（3）立体造型应用。通过压花，编织，绗缝，捏褶，褶皱，抽褶等方法，改变皮革原有形态，使其具有一种浮雕质感，同时使其具有很强的触摸感。（4）反思维应用。主要包括皮革与面料拼接以及缝份反吐两种手法，使作品看上去有一种未完成的感觉，凸显古朴质感。（5）减法设计应用。采用磨洗、切割、剪切、镂空以及雕刻等工艺，使材料产生古旧、空透质感。

图7

图8

图9

图10

如图7～图12所示，此系列设计是设计师结合其生活背景所设计的一系列皮革创意服装。奥地利自古以来就是赫赫有名的善战之国，其军服设计在世界也处于领先水平，因此设计师将此系列时装定义为“女战士”，试图通过皮革与肌肤的关系呈现出一种女性的坚毅。在设计中，设计师将皮革与铆钉结合起来，并对皮革进行解构处理，形成一种新肌理效果，给人耳目一新的感觉。通过此系列设计，我们不难看出，服装风格需要通过材料性格及恰当的使用来体现，而材料性格恰恰就是材料的质感，只有服装材料质感与服装风格高度统一，才能将预设主题更加贴切地表达出来。因此，作为年轻设计师的我们，在设计中要勇于探索材料的特性，打破审美惯例，无论是扭曲、折叠、变形、解构或是重组都可以大胆尝试，进而赋予材料更新的质感。

图11

图12

玛丽娜·霍尔曼塞德（Marina Hoermanseder）作品

图13

思考与行动：

纵观世界时尚T台，无论是三宅一生的叠式皮革裙裾，还是加里亚诺的皮革堆饰，亦或是亚历山大·麦昆的镂空皮裙，它们都将皮革进行主观再造，形成风格迥异、质感不同的服装风格，最终呈现出不同凡响的惊人之作。

请使用人造皮革，进行两种手法以上的再造，使其产生不同的质感，并使用再造后的皮革，制作一系列服饰品，或者直接缝制到旧衣服上，使其旧貌换新颜。

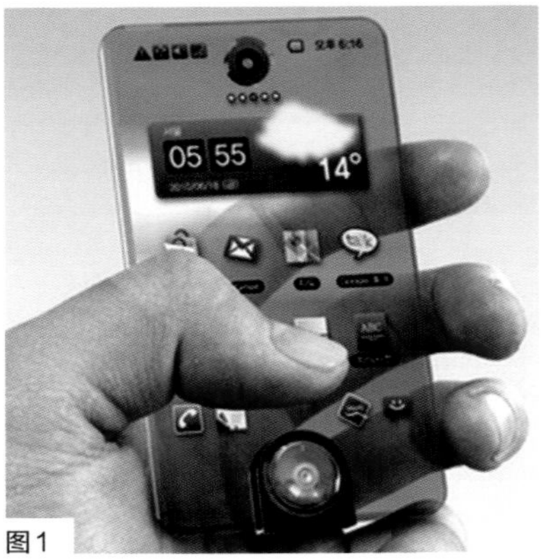

图1

第一节 属性的表情 | “塑”说质感

我们通常不用触摸，根据视觉经验就能对质感作以最初步的印象分析，就像水母的柔软、耐克鞋子的舒适等等。这就是视觉质感与真实质感的一种经验与比较。

质感（Texture）是展现材质本身的实体感觉，它具有材质本身的特别属性与人为加工后表现在物体表面的感觉，属于视觉与触觉的范畴。对于服装设计而言，材质即面料，面料和质感互为表里，不同风格、不同属性、不同质地的面料借助质感显露其面貌，也透过质感来表达着面料的特性——是柔软、是悬垂、是挺括、亦或是厚重。

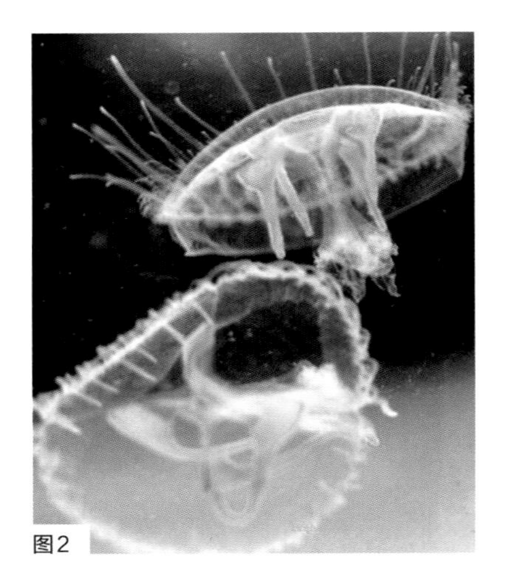
图2

在服装设计中，“质感”除了通常意义中指面料体现出的肌理效果外，也可指服装的“性格”。这种“性格”是区分穿着者年龄、身份、职业、品位、修养的媒介及重要标志。比如穿着职业装的年轻女性，往往流露出基层白领工作特征；而同样的着装穿在中年女性身上则体现出高层管理者的身份特点。因此，我们不应局限自己的思维，除了对实实在在的物品进行研究学习，更应塑造一种观念化、感性化的发散思维，即将面料的“质地”与服装的“性格”充分考量，这样才能更具体、更完整地体现服装的“质感”，使服装能够充分适合不同人的需要，提升服装本身的价值。

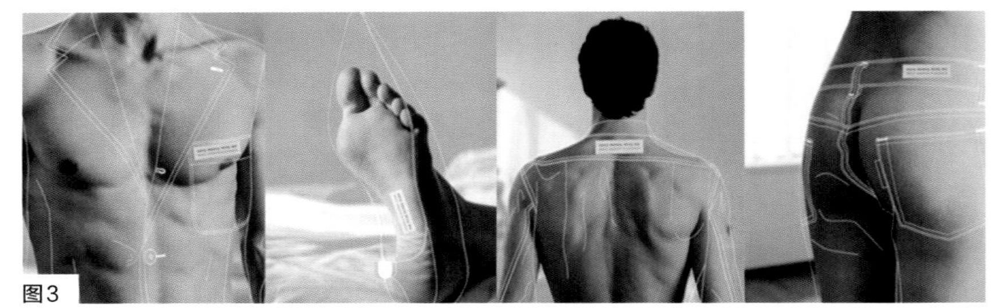
图3

图4

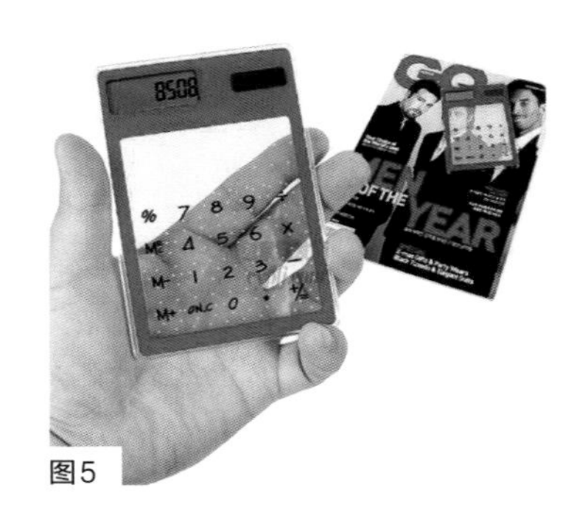
图5

质感不是孤立存在于设计中的，它通过各要素之间的联系以及观者的感受共同产生一种抽象形态，因此质感能否给人们带来舒服以及美的心理，取决于它的存在美法则：（1）调和与对比法则：调和是使服装的表面质感和谐统一，比如整体使用皮毛作为主线，能够使服装风格达到厚重感的统一，其特点是在差异中趋向“同”，趋向“一致”，强调质感的统一，使人感到融合与协调。对比则是使服装某部分质感有所变化，形成面料的对比、工艺的对比，其特点是趋向于“对立”和“变化”。调和与对比是对立的两个方面，设计者应注意两者之间的关系，在两者之间掌握适当的度，使调和中不失对比、对比中兼蓄调和，同时不可使调和与对比对等，因为中庸的配比会使服装作品缺乏个性。（2）主从法则：实际上就是强调服装质感要有重点。质感的重点处理可以加强服装的表现力。对服装作品的重点部位应多加考量，表现一种面料真实质感和视觉质感的高度统一。

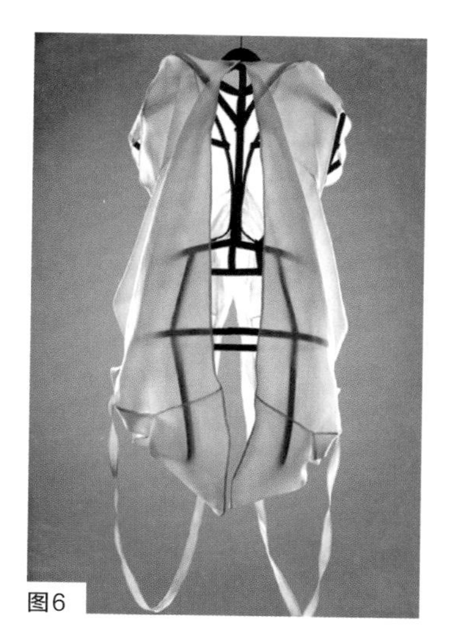
图6

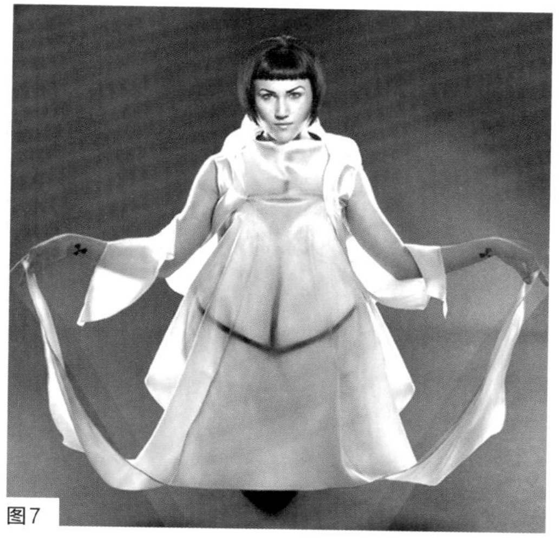
图7

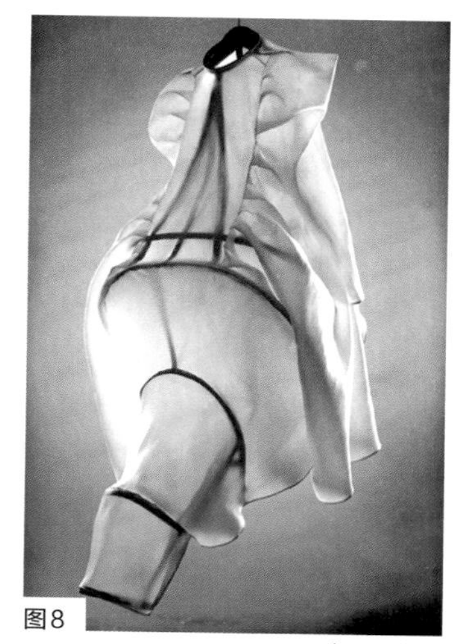
图8

朱丽亚作品

如图6~图11所示，时装设计师朱丽亚（Julia）的创意服装设计，使用半透明织物覆盖在金属框架上，给人一种强烈的三维质感。在她的设计中，体现出恰当的质感搭配，利用调和与对比的法则，合理的运用轻薄织物与金属框架，令金属在轻薄织物的覆盖下若隐若现，轻薄织物也同时利用金属骨架呈现出各种风格与造型，仿佛蝉翼般的结构复杂而又通透。

图9

图10

图11

思考与行动：

图12、图13的设计出自浙江大学工业设计研究所研二学生满锦帆，名为"软冰箱"。他打破原有结构，利用简单材质，构建新的思维模式，剔除大家电的笨重，创意出新的设计作品。"软"说明了它的"真实质感"，通过观察与"视觉触感"验证了他的设计思想。其作品在设计中体现出质感的构成原则，使得作品在"软"的基础上，具有了一定的轮廓造型感，同时也增加了实用性。因此质感是设计中不可小觑的重要因素，它充分发挥了材料在设计中的能动作用。

请你使用质感存在美法则，分析一套专业案例中存在的问题及缺陷，并提出改造方案。

图12

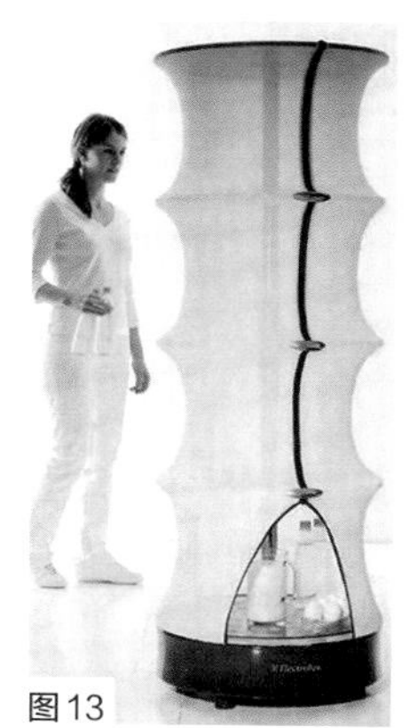
图13

第一节 属性的表情 | 3D 水

在创意设计中，无论使用什么材料或技术，回归大自然是永远的主旋律。简单地把设计说成“原生态”的风格恐怕一般人无法接受，而用粗犷、质朴的风格来满足现代审美则会让人觉得有些生硬。如何更好地将自然元素融入现代化服装设计中，使服装具有自然质感，是作为服装设计师所要思考的问题。如图1～图3所示，水作为最自然、生动的元素常常被用于设计的各个领域，泡上一杯清茶、聆听水声、静观水韵，门外的世俗纷扰则消弭于无形。

图1

图2

图3

图4

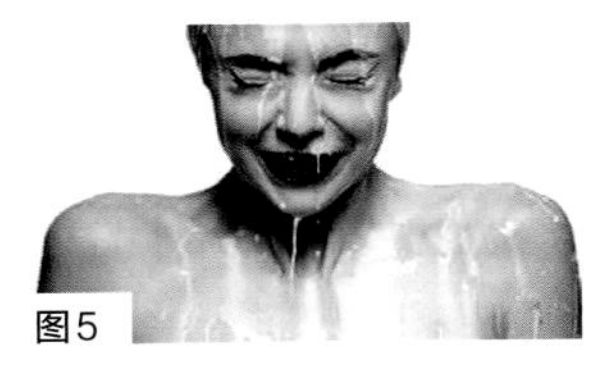
图5

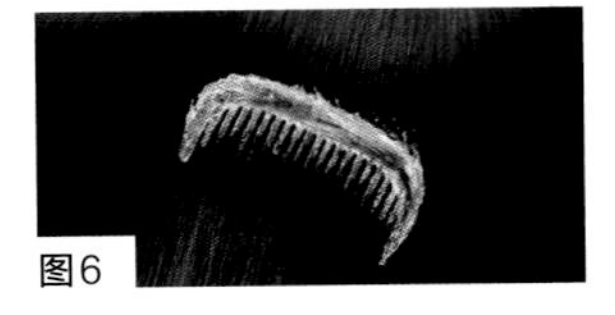
图6

众所周知，水作为艺术品的媒介，自身便充满变幻。水的不同形态导致水产生不同质感，当然作为灵感运用到服装中也会有不同的风格。液态的水，自上而下流畅韵动，就像丝绸的飘逸悬垂；气态的水，雾气昭昭，或许只有纱才能缭绕出它的质感；固态的水，坚硬剔透，硬塑料质感的化纤定能将其质感表现出来。水，是自然界中最寻常的一员，因此我们要多做思考、多进行尝试，才能体验到更多质感带来的灵感迸发。

图7

图8

范·海尔彭作品

将荷兰女设计师范·海尔彭（Van Herpen）称为“能将设计、艺术及时尚三者完美结合的设计师”一点也不为过。她曾与亚历山大·麦昆、维果罗夫（Viktor&Rolf）以及瑞典设计师桑德拉·巴克伦德（Sandra Backlund）等同样拥有天马行空的创意设计师们共事。图7、图8“水花四溅装”令她名声大噪。她让静止的服装呈现出动态效果，自然界中水花飞溅的美妙瞬间居然真的以立体的方式被定格在裙身上！

现代科学技术赋予原生材料新的质感，经过几种材料复合形成新材料不仅改变了材料的性能，还改变了材料的表面质感。选择合适的材质表达形态在服装设计中具有相当重要的意义。

思考与行动：

翻开任何一本服装史书籍，你都会发现整个服装史是与纺织技术、织造水平以及面料开发历史同步的，服装材料的发展有力地推动创意服装设计的发展。同时，现代科技使材质多样化，使得服装的质感由单一走向多元，为设计带来积极意义。

请找寻自然界中其他可以利用的、带有强烈质感的元素，并写出质感在其中的体现及运用，最后设计一系列创意服装。

图9

图10

第一节 属性的表情 | 质感·塑型·情感

如图1~图4所示，趁着设计作品还未融化，让我们回忆儿时与小伙伴吹泡泡的情景，这种思绪让我们乐不思蜀，这就是设计成功传达出的外化情感，而这些情感的动人所在就是它们质感的塑造。即将融化的、绵软的艺术造型不禁让我们想到儿时的甜食，正是这种意识流，使得设计更加有趣。在服装设计中，通过质感来实现人们情感表现的例子也不少，就像是穿着蕾丝与纱质短裙的少女一定是在完成儿时做公主的心愿；而皮质夹克配墨镜的装束是嬉皮士的忠实粉丝。服装造型的基础本来就是依托质感实现的，因此，只有蕴藏丰富质感含义的创意服装，才更能唤起人们内心最本真的情感。

图1

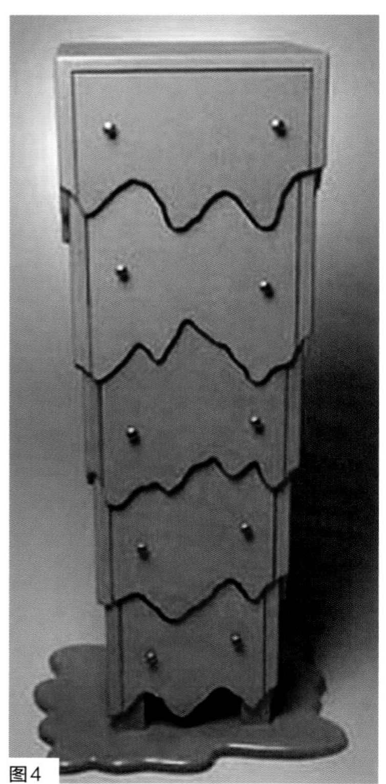
图4

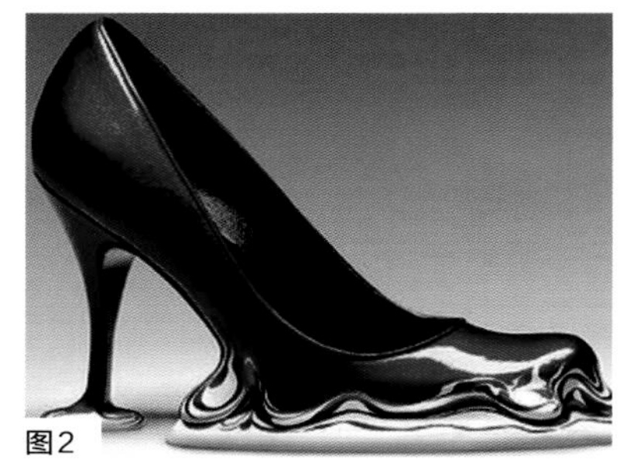
图2

图3

“你想变成梦露？他想变身猫王？没问题，走进浴缸，拜尔（Priorin）香波帮你实现这小小愿望。”这是一则洗发香波的广告语。如图3与图5所示，广告中使用泡沫进行塑型，质感层次丰富，表达情感到位，令人过目不忘。

服装设计中，质感塑型对服装的整体造型具有决定性作用。服装材料是一种柔性材料，并且只有通过穿着于人体才能呈现出一定的造型。因此，服装的造型很大程度上取决于材料的内在特性。就像是可以表现泡沫质感的绒毛面料，它具有丝光感的同时又显得柔和温暖，除了面料本身具有厚度和独特的造型感，又因个体区别存在不同质感，所以运用到服装中必然也各不相同。

图5

图6

图7

图8

图9

维尔·科顿作品

纽约艺术家维尔·科顿（Will Cotton）一定很喜欢棉花糖还有各种甜食，他的作品几乎都形态轻盈且色彩丰富，仿佛置身于“糖果屋”（图6～图9）。他以超越现实的甜点来创作，质感柔美温和，以云朵般的棉花糖、冰淇淋、婚礼蛋糕等甜食衬托创意主题，契合材料的质感，塑造出整体甜美质感的同时也表现出独特的幻想美学。

从科顿作品中的质感表现，我们可以联想到在服装设计中，把材料质地与表现形式融为一体、准确而充分地与服装整体风格相结合是设计的关键。各种面料都具有不用的质地和光泽，面料的软、硬、挺、垂、厚、薄等决定着服装的基本风格，从而带来视觉特征和艺术风格的差异。就像如果我们以科顿的作品为设计灵感，所选择的面料肯定会是绒面或者毛类面料，因为质感相符，但是如果要是把棉花糖换做硬硬的水果糖，我们又将使用什么面料呢？用什么质感体现呢？

图10

图11

思考与行动：

不同的质感给人的情感感受是不同的，如软硬、虚实、滑涩、韧脆、透明与浑浊等。请你：

（1）选择3种不同质感的材料进行创意设计，形式不限（可以是服装、家居、包装等），要求赋予作品情感，情感可以丰富表达（如回忆、冷漠、热情、希冀等），主题明确。

（2）思考质感、面料、廓型、风格之间存在的联系，并绘制表格，罗列出你能想到的质感，然后对应面料、廓型、风格等因素，并逐一加以分析。

第一节 属性的表情 | “纸”因你疯狂

纸，书写的基本原材料，造纸术的发明距今已有两千多年的历史。当蔡伦发明造纸术的时候，他一定没有想到，未来的服装设计师们会将“纸”作为设计元素之一去利用。

纸作为一种材料有其独有的质感，形质变化无穷，柔软的纸团可以做出写实性的细节，硬挺的牛皮纸则容易造型。其实纸与服装早在古代就有了密切的关系，如为祭奠亡灵，先人留下扎纸衣的习俗。当我们今天在裁剪新装之前，也会利用纸与服装面料的共性，打个纸样，以求得可行性。我们身边所有的纸材都可以用来表现服装设计。不同种类的纸，质感截然不同，表现出的服装形象也不相同；相同的服装形象用不同的纸材来表现，其效果也迥然不同。我们在造型过程中，必须研究纸材的不同特性：有光与无光、粗糙与光滑、柔软与坚挺等，这些看似是纸的特性，但一旦运用在服装中，它们便成为服装整体质感的重要表现媒介及体现者。

图1

图2

图3

图4

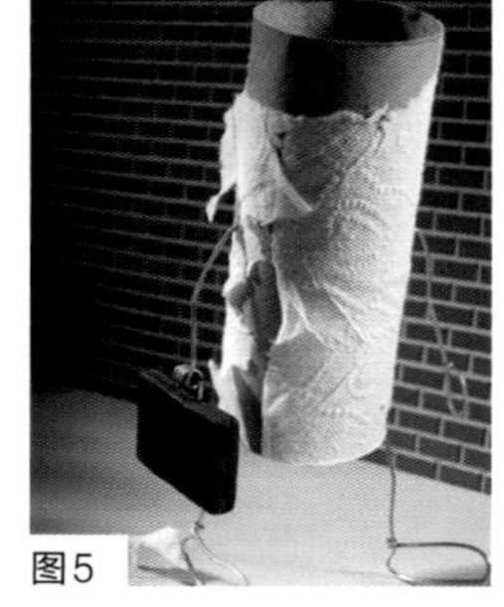
图5

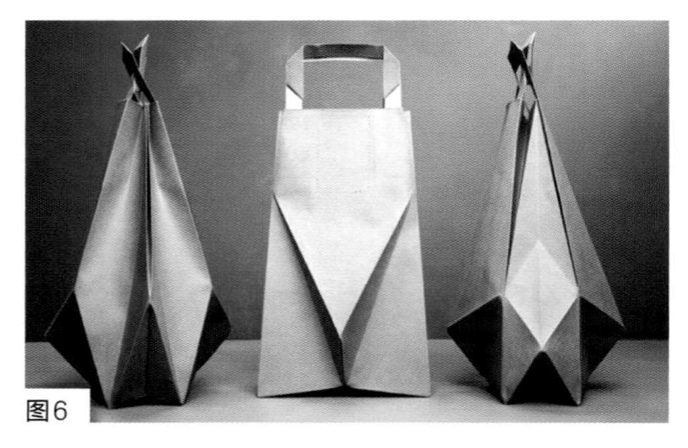
图6

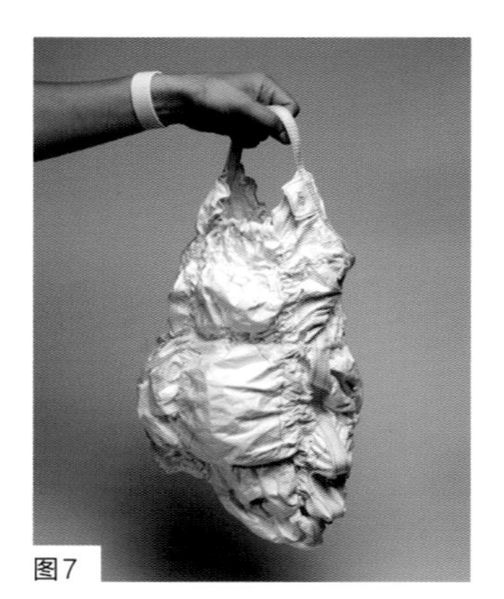
图7

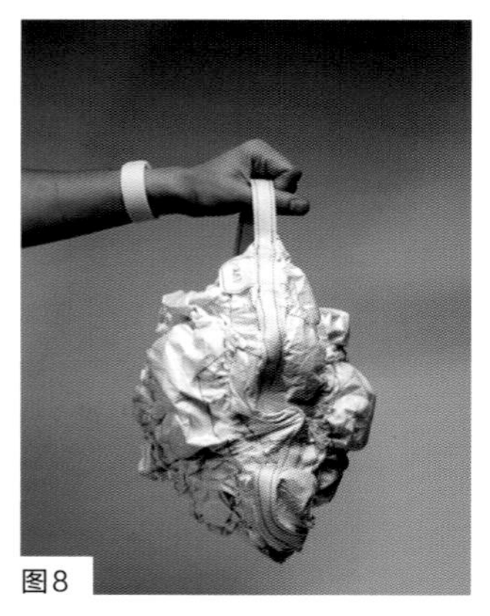
图8

一张毫不起眼的纸，经过加工，由于被弯曲而形成强烈的张力感，被编织使之呈现整齐的秩序感，被拼接而使形态不断扩展的丰富感，都使纸的质感被无限放大。纸的质感既丰富又奇特，有的光滑如镜、有的粗糙如麻、有的细腻如丝、有的光彩夺目，带你进入一个全新世界。当然还可通过工艺技术加工成想要的质感，比如将废旧纸放入器皿中加胶水浸泡，制作成纸浆以便于塑造各种形状，还可以上色形成不同质感的服装，柔软的、粗犷的、细腻的、古朴的，应有尽有。

图9

图10

图11

图12

图13

如图9~图13所示，T.P.公司以卫生卷纸为材料，设计出华贵唯美的淑女成衣，通过卷纸造型的服装告诉人们T.P.公司的卷纸是如此温柔与舒适。让人不得不惊叹时尚艺术与环保主义的完美结合。

将纸作为服装材料已经有很多设计师尝试过了，但是这组设计以卫生卷纸作为面料，令人耳目一新，卫生卷纸由于其不易造型和难以保存的性质，很难被设计者作为材料使用，尤其是在服装设计中，这就对现代创意设计中的材料运用提出了更高要求。我们可以把材料统称为一种不会说话的媒介，如何让物开口，这就要看我们赋予物以怎样的思考了。

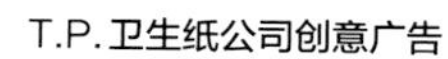
T.P.卫生纸公司创意广告

思考与行动：

纸作为服装材料还有许多表现不同质感的技法：（1）平面拼贴。将各色各型的纸张剪刻后重新组合，产生一种丰富且偶然的质感。（2）折叠。通过折叠，使纸产生凹凸起伏变化，出现立体质感。（3）弯曲。借助一定工具将纸加工为拱形、波浪形等。（4）褶皱。利用纸柔软易皱的特点，用手抓皱纸张，产生意想不到的质感。（5）编织。剪成条状或搓成绳后再编织成型。（6）烧。根据纸质材料，对纸进行烧、烙、熏等加工处理，产生不规则的残缺美质感。请你：

（1）使用“软纸”与“硬纸”进行对比，尝试设计一系列服饰品。

（2）找出5种不同质感的纸，运用文中所讲到的表现技法，做尝试性试验，汇报实验结果并展示成品效果。

图14

第一节
属性的表情

折的不只有飞机

图1

如图3、图4所示，从小时候的纸飞机，到现在的愤怒的小鸟，让我们追忆思索，手边的材料还能折出什么?

折纸是纸艺的一部分，即在二维纸面上运用翻、转、折叠、拉、挑、挤、插等“不剪不粘”“复合折纸”或“组合折纸”手法创造三维立体形态的艺术。服装同样也是三维的立体形态，具有全方位的视觉效果，其结构是组成服装面貌的重要因素之一。折纸服装吸取折纸艺术柔中带硬的纸质质感。纸质质感与折、叠等手法的结合，概括和提炼了折纸艺术的形态，从而影响了折纸服装整体形态和质感表现。硬朗的线条加之明确的轮廓、挺括的造型、具有韧性和质感的面料、相同方向或内外交错的折叠手法，在折纸服装的细节与整体造型中得到体现，一改往日服装的柔美与适体，并使服装的功能美和视觉美得到完美结合。

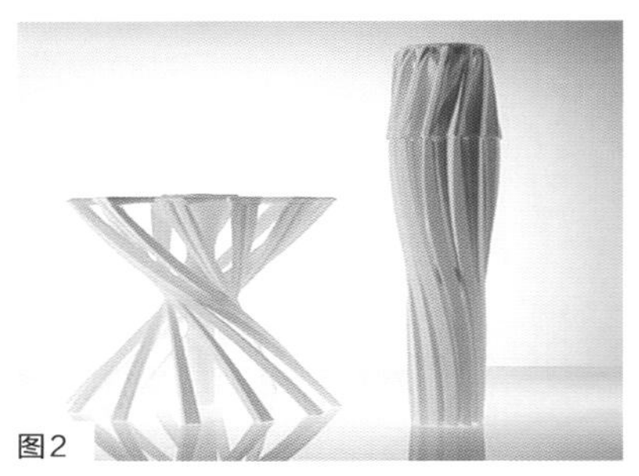
图2

图3

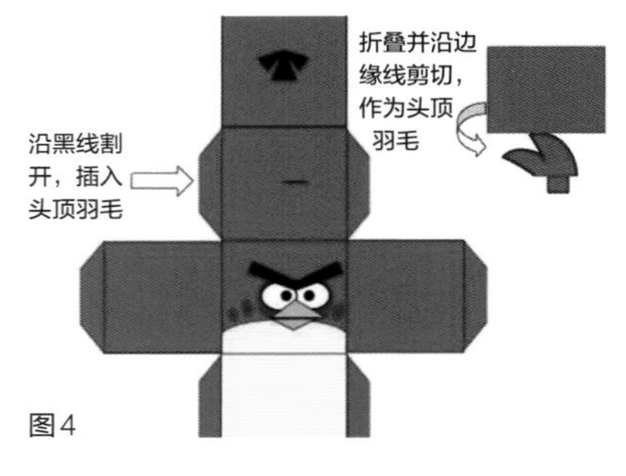

图4

图5

图6

图7

大师也有折纸情节。如图5~图7所示，约翰·加里亚诺在以“蝴蝶夫人”为主题的设计中，层层波浪般的裙摆运用了折纸艺术中“手风琴式”折叠手法，表现出一种折纸服装的秩序美与纸的挺括质感；其细节装饰的形式显示出一种柔和的韵律美；服装款式的夸张，产生视觉冲击力，凸显出强烈的造型美感。以上种种塑造出那个时代贵妇人们所独有的气质。

图8

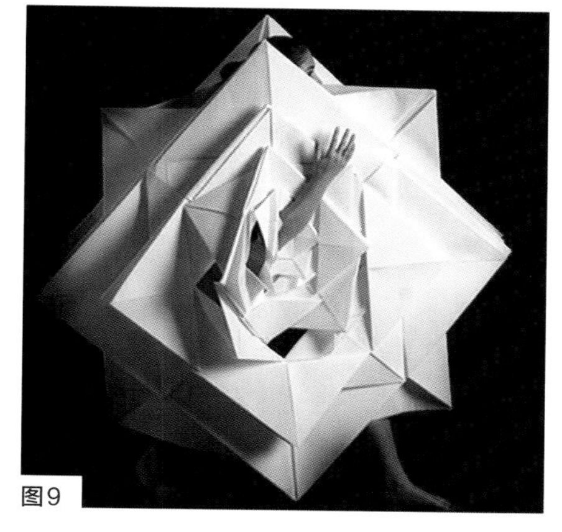
图9

图10

图11

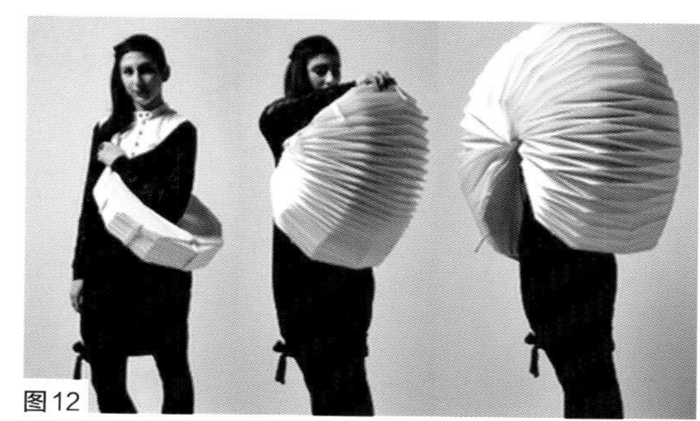
图12

图13

Mauricio Velasquez Posada作品

通过立体组织配合折叠这一基本原理，创造出无限想象空间，不管你的肢体语言是什么，不管你周围的环境是怎样，这种夸张而立体的折纸创意时装能把你完完全全地包裹住，创造了一个独立的空间。折纸元素与成衣设计看似不相干，但就其表现手法与空间构成而言是与服装一脉相承的，纸的质感好像一种独特的面料，使人们对服装质感有了新的认识与尝试。

折纸艺术作为一种重要的装饰手段与形式语言反映在现代服饰艺术上，创造了围裹、系绑、手风琴式或弹簧式折叠等表现手法，改变了传统服装的结构模式、形态要素、艺术理念与整体质感，形成了细致、优雅、活泼的设计风格，从而使服装的功能美与视觉美原则得到新的解读。

思考与行动：

结构创新、形态变化与质感塑造成为现代服装设计中一条新的探索之路。当折纸艺术作为一种重要创意手段与形式语言反映在现代服饰艺术上时，传统服装的存在模式被打乱，在增强服装整体质感的同时，功能性与视觉审美性也得到完美的结合。

折纸元素服装根据特色大致分为：(1) 规则折叠。即按照一定的排列规律，可以将面料折出符合立体构成方式的几何形。(2) 不规则折叠。顾名思义，是不受限制的折叠，无规律，但仍处在几何状或近似几何状的折叠。(3) 具象折叠。指用一定手法折叠出具体事物。(4) 抽象折叠。是打破具象思维的升华，一种具抽的升华与概括。请你：

(1) 找出身边“折”的存在，并拍摄下来。

(2) 寻找身边5种可以“折”的材料，然后对他们进行“折”的创意，产生不同质感风格并将其运用，设计一系列创意服装。

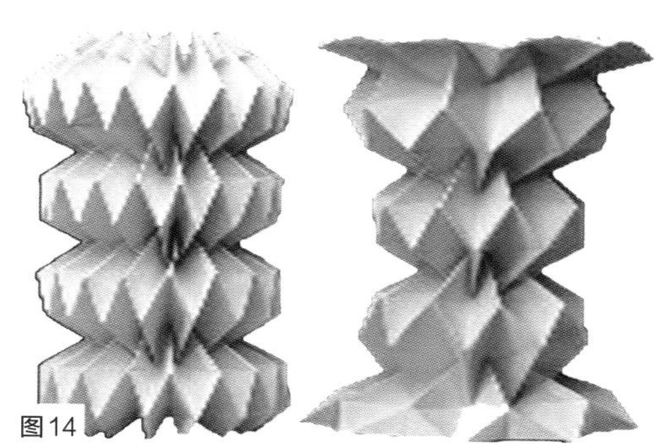
图14

第二节 隽秀纹章 | 繁复性格

“乱”经常被人们认为是一种杂乱无章、混乱无序的状态，多有贬义意味；而“繁复”从字面上不难理解有“繁多复杂”之意。实质上，繁复多指声势浩大、规模庞大且构成复杂。当欣赏或者设计服装图案时，有时会感到纹样组合凌乱，这往往就是因为在纹样规模庞大的基础上没有构建规律与组合美感，而繁复的纹样却是一种有节奏、有内容、有规模、有构成、有文化含义的复杂图案。

服装图案是人类物质文明和精神文明的重要标志之一。它形成、演变和不断丰富的过程，反映人类社会文明的不断积累、发展和进步。人们穿着服装除了实用功能还要实现对美的追求。图案在服饰上虽然处于从属地位，但它是服装整体美不可缺少的组成部分，服饰图案不仅能够满足人们视觉、心理上的审美需求，也隐喻地体现出一个人的审美追求。

图1

图2

图3

图4

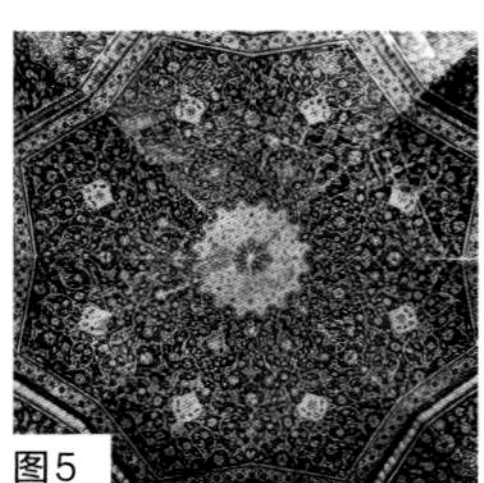
图5

图6

图7

图8

服饰图案之美通常分为三种，即：自然美、艺术美和社会美。（1）自然美：服饰图案的自然美是一种自在的美、形态美和客体美。（2）艺术美：人们在利用自然景物作为纹样进行设计时，按照审美需求，应用变化与统一、对称与平衡、节奏与韵律等形式美语言对纹样进行加工，形成形式各不相同、具有视觉美感的纹样。（3）社会美：服饰图案的社会美内涵最为丰富，它源于生活，形成于人们的观念，因而作为源于生活的图案，自然也是随着社会的不断进步而不断发展的。但无论怎样，图案之美也是仁者见仁，智者见智的，因此在服装设计中我们需要综合多方因素，设计出满足大众且又不失个性的服装。

图9

图10

图11

诺思通（Nordstrom）的时装大片，以水墨画为背景，在静雅素净的环境下，鲜亮的颜色跳跃在整个画面中。服装本身的图案与背景图案虽都具中国韵味，但因其体量感、色彩感、秩序感等不同，皆给人以不同的视觉感受，使得水墨韵味与模特冷酷造型碰撞的同时，荡起一种矛盾而强烈的视觉浪潮。这便是图案带给我们的震撼，它不是简易的轻描淡写，不是闲暇的漫不经心，而是一种对于文化、民族以及艺术的高度提炼，其精彩程度绝对不亚于服装结构造型。

就像诺思通展示给我们的一样，纹样虽繁缛，但却不是杂乱无章，虽紧凑，但却疏密有致。其实任何单一或复杂的元素经过艺术处理，都可以形成千变万化的服饰图案。对设计元素的提取与重构，也是当今服装设计师必备的基本功与研究课题之一。

诺思通水墨时装

图12

思考与行动：

服饰图案因其直观、形象、富于表现力而成为人类记述生活、表达情感的有效工具。通过长期的实践与积累，服饰图案在形成与演变中逐渐具备了符号的性质。

在设计进行中要考虑到图案的纹样应与服装风格相适应。首先，图案的纹样要与相应的装饰部位协调，选定某个装饰部位后首先要考虑到服装图案规格的大小。图案的大小，是由被装饰的服装所决定的，服装的款式、比例、衣身面积、风格情调等是制约图案形态的重要因素。其次，图案的风格应与服装款式风格相一致，服装有粗犷与精细之分，图案亦有，它们是一体的、统一的，决不能只为了图案的美观而忽视了两者的关系，造成图案与服装风格的脱节。装饰图案多应用在领口、袖口、底边、胸前、门襟、裤口、后袋、贴袋等部位。

请设计两款繁复图案与两款简约图案，并比较它们的异同。

第二节 隽秀纹章 | 波点乐章

图1

如图1~图4，无论是101斑点狗的聪明可爱，还是孟买斑点大厦的醒目奇特，显然，斑点的魅力无处不在。斑点图案中最为大家熟知的就是波点，波点又称波尔卡圆点，是由同一大小、同一种颜色的圆点以一定的距离均匀地排列而成的图案形式。波尔卡这个名字，来源于19世纪中期波兰曾风靡一时的波尔卡舞蹈，由于在一段时间里很多波尔卡音乐的唱片封套都是用此类圆点图案来装饰，因而得名波尔卡圆点。后来，随着棉纺织工业飞速发展，棉布在质感、厚薄和色彩表现力上的性能更为优良，从而波点这种有着鲜明色块对比和强烈视觉冲击的图案便从音乐符号演变成时尚服装图案元素。

图2

图3

图4

图5

时尚始终是一个循环往复且螺旋上升的过程，有些图案或许已经退出时尚舞台，但有些却经久不衰，就像是波点图案，从未被遗忘，反而愈加清晰时尚，丰富多变。因为它永不过时地重复着复古、浪漫、性感与可爱。它致命的吸引力演绎着不同的波普世界，圈圈点点写满时尚的表情。

波点作为服装基本图案元素之一，始终是在相对的意义上发生视觉上的审美作用。波点在颜色搭配上也十分讲究，一般有补色搭配，最经典的就是白与黑搭配，如闪亮繁星挂在点点夜空，令人感到安静致远。红与蓝的碰撞，朵朵红点仿若姑娘羞红了小脸，给人以娇羞热闹之感。另一种就是同类色搭配，这种同类色多指冷暖的同类。就像是赭石搭配夕阳红，浅橘搭配柠檬黄，它们似沉稳、似热烈，似低调、似张扬，但都无疑说明波点图案的性格多变与繁复。

图6 图7 图8

草间弥生为LV创作设计

草间弥生是当代著名的前卫艺术家，高色彩对比度的波点图案是她的标志，这一切都源自于她儿时罹患的神经性视听障碍，她眼中的世界隔着一层斑点状的网，这成为她艺术作品的直接灵感来源。

思考与行动：

让我们先来认识一下这位“前卫婆婆”吧。她就是日本著名艺术家——草间弥生。她曾说：“地球也不过只是百万个圆点中的一个。”草间弥生在十岁左右为母亲绘制的铅笔画中充满了无数的圆点，那时她常常被幻觉所困扰，她企图用自杀来了却脑中的幻象。最后她用艺术的手法，把她所看到的世界描绘出来，在这个超现实的世界里，任何物品都带着圆形图案，无论南瓜，还是果篮。这些艺术作品通过另类的手法表现了非同一般的奇幻世界。草间弥生也成为圆点图案的最佳代言人。请你：

（1）请你思考圆点图案的大小和颜色，利用不同的排列组合方式，会产生怎样的视觉效果，制作出10张实验性效果图（手绘或软件制作均可）。

（2）创造属于自己的波点波普效果，并学习草间弥生的创作，把你身边的一些物品用波点创意出来，可以是效果图，也可在实物上直接操作。

图9

第二节 隽秀纹章 | “格”式

图1

如图1~图5所示，无论是巴宝莉Burberry的大牌格子，还是狗狗身上的趣味格子，都显示着“格子控”的存在，而格子的风靡不会随着时间而逝去，它像一股穿越在时空中的力量，周而复始地弥散在我们生活中。

阿洛瓦·里格尔在《风格问题——装饰艺术史的基础》一书中写道“几何风格最简单而又最重要的艺术图案最初是由柳织和纺织技术产生的。这被认为是适合几何风格的一个绝对的假设。”这种格子图案起源说表明平衡感是秩序感的基本表现形式之一，是格子图案典型的美学特征。

随着格子作为服装图案日趋普遍和世界各地区纺织技术与社会文明的发展，同时由于文化与审美的差异，每个地域都形成了自己风格独特的格子。例如以中国传统格子布为代表的东方格子，这种传统格子布多采用以图寓意的方式，用图案表达人们对美好事物和生活的向往，就像傣锦中的格子，中间填充“万”字纹样，表达万福、万寿之意。当然除了东方格子，苏格兰格子也是经典之一。这些格子在今天已成为服装设计师手中的宠儿。

图2

图3

图4

图5

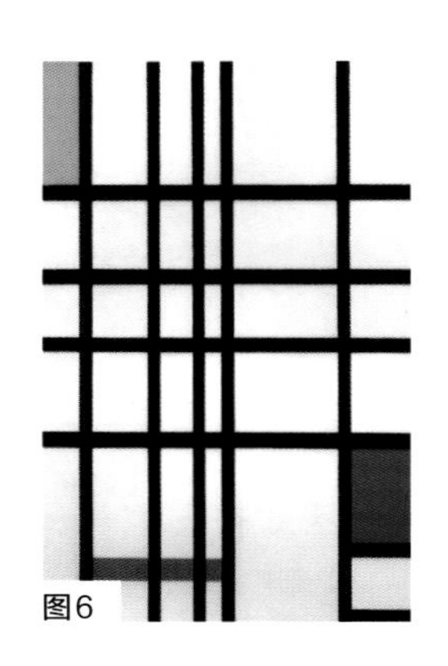

图6

图7

图6油画作品出自荷兰风格派画家彼埃·蒙德里安之手。他用简单的直线以及单纯的三原色组成格子，创造出极致简练、宁静、和谐，又带一点神秘吸引力的艺术品，并被伊夫·圣洛朗创意成“蒙德里安的裙子”（图7）。

格子元素在服装设计中的应用历史久远，它的组成种类繁多，其所具有的文化内涵及符号性得到认可，并为各时代服装增添新的风貌。格子元素的运用形式和方法越来越丰富，在服装中表现出的风格更多种多样，如休闲风格、学院风格、朋克风格、简约风格、民族风格、田园风格等，充分体现出格子元素在服装设计中的灵活性与适应性。

图8

图9

如图8~图10的这组创意服装大片中，RIG（Refint International Group，瑞芬国际集团）衬衫的设计者运用了大量的格子元素。在特定历史时期，格子与人一样，有贵贱之分，由维多利亚女王丈夫设计的格子图案成为英国皇家的代表格子，被称为“皇家格子”。在功能方面，不同场合要穿不同格子，如正式场合的“正装格子”、娱乐场合的“打猎格子”、甚至在葬礼上有特殊穿着要求的“葬礼格子”。在这组创意服装设计大片中我们看到了有明显苏格兰风格的“苏格兰格子”。除了这些分类方法，格子按照形态也可分为：（1）田字形格子。格子最基本、最简单的形态，棋盘格是其代表。（2）菱形格子。成角度斜向交叉形成的格子，风格强烈。（3）特殊格子。千鸟格就是其中一种。

图10

图11

思考与行动：

格子的存在方式有很多种，它多以图案的方式存在，也可以以立体织造的纹样存在，还可以通过马赛克的凹凸形式存在。格子图案在服装设计中呈现出多样化趋势，它不再拘泥于原有历史风貌的特点，不再区分穿着者的阶级地位，并通过不同面料赋予它不同风格，令其经久不衰。

请你以“格子在服装风格中的具体体现”为课题进行深入研究，选择至少三种风格作为研究对象，进行风格所对应格子的历史背景、存在形式、使用现状、色彩感、面料搭配、设计趋势等多方面的研究，写出研究报告并将研究过程用PPT形式展现出来。

第二节 隽秀纹章 | 迷乱世界

图1

图2

图3

花卉图案的设计与运用在我国有悠久的历史，且具有独特的优越性。首先，花卉图案具有丰富的再现性和灵活的表现性。花是美的象征，古今中外，人们用华美的辞藻来赞美它，将美好的情怀和遐思寄托在它身上。现在，对于每一种花，人们都赋予其特定含义，并在不同的场合使用。美丽的花卉把人类世界打扮得千姿百态，所以把它们搬到服装上也是很自然的事。在进行服装面料或者图案设计时，花卉可以单独使用，也可以组合使用；可以表达一定意韵，也可以仅仅被当做一种装饰。其次，花卉图案具有较强的适应性，它很容易和其他装饰元素结合使用，如动物、抽象图案等。花卉图案的适应性还表现在适用对象的广度上，无论休闲装还是运动装，其在不同年龄层次的服装中都可被运用。

无论是在家纺还是服饰设计中，甚至是在平面和建筑设计中，花卉图案使用的频率都是极高的，它始终是设计中永恒不变的设计元素与设计主题。在服装设计中，通常以印染、刺绣、立体造型等形式出现，无论是写实还是抽象、平面又或是立体，都各具魅力。

图4

图5

图6

图7

图8

图9

图8、图9的这组平面设计作品是江绍雄的“艳遇中国”系列，作者运用大量中西方文化符号的整合并置，如通过对牡丹花的大量使用来表现中国风格，塑造出具有个人风格的作品。

花卉图案在服装设计中一般分为立体造型和平面图形两种。立体造型一般通过刺绣、钉钻、缎带绣、雕花、盘花、布上立体绣等附加工艺手法来表现，这样的表现手法，使得花卉更富有立体感，同时增加了服装的层次感。平面图形一般通过镂空、烧花、印花、扎染等工艺手法表现出来，花卉图案的平面造型通常是利用服装面料本身进行后加工处理，相对来说没有立体造型富有层次感，但能够和服装完美地融合。显而易见，新颖、时尚、流行，富有韵味的花卉图案能给人带来不同的审美经验与审美感受，同时又让人感受到自然气息。

图10

图11

图12

图13

阿利克斯·马勒卡作品

图10～图13为法国著名时装摄影师阿利克斯·马勒卡（Alix Malka）利用花卉肌理与纹样创造出活力四射的作品。七彩霓裳，令人震撼，将表现主义与行为主义发挥得淋漓尽致。作品中无论服装或模特，都好似一簇簇魅力十足的花朵，给人一种“繁花似锦”的感官冲击。

在使用花卉图案进行创意服装设计时，要注意到花卉轮廓的视觉感会直接影响到服装的整体风格。花卉图案的线条所产生的视觉效果有生硬和圆顺之分，轮廓有清晰和模糊之分。一般在东方民族风格的创意服装设计中，花卉图案的线条应圆顺柔美，通常大量采用具象的花卉元素进行设计。除此以外，富有节奏感与韵律感的花卉图案排列易体现民族风格。这样的节奏感与韵律感通常体现在花卉纹样的规则性、连续性以及重复性三方面。在东方民族风格的服饰中，花卉图案一般以二方连续和四方连续等形式反复地出现在整件服装或者服装的某个部位，比如门襟、腰部等。

图14

思考与行动：

花卉图案可以是鲜明的、也可以是含蓄的，只要手法得当，可以直接影响你想要在服装中表达的思想。花卉由于色彩多变、层次丰富、肌理感十足等艺术特点，备受设计师与画家的青睐。

请你选择一种你最喜爱的花卉，深入研究并分析它的艺术表现力，找出有哪些艺术家或者设计师、甚至诗人曾以它作为表现主题。

第二节 隽秀纹章 | 线之情感

线，在几何定义中是点的移动轨迹。在空间学中，往往起着贯穿空间的物理作用。线在设计中无处不在，线的种类也决定着设计的不同风格。线可以分为直线与曲线两大类，具有粗细、长短、宽窄、方向以及位置上的变化。不同的线，无论是单独使用，亦或是组合使用，往往给人以不同的心理感受。例如，直线是具有男性性格的线，给人以坚强、刚硬、镇定的心理感受；与之相反，曲线是具有女性性格的线，给人以舒缓、柔和、婉转的曲线美。

线的粗细感也会折射出不同的风情，比如粗线给人以沉着结实感，而细线有脆弱不稳定的特性。这里要提醒大家的是两种特殊的线。（1）折线。折线在设计中往往体现的是一种紧张与焦虑的情绪，也容易表达出强烈的视觉刺激，使用时应注意其使用的面积与位置。（2）斜线。斜线是线家族中最具有运动感的成员，我们在画漫画时经常会在运动状态事物的后方画上几条斜线表现其动感，这恰恰说明了斜线在视觉体验中容易造成视线流向的错觉，因此它的流动感最强烈。

图1

图2

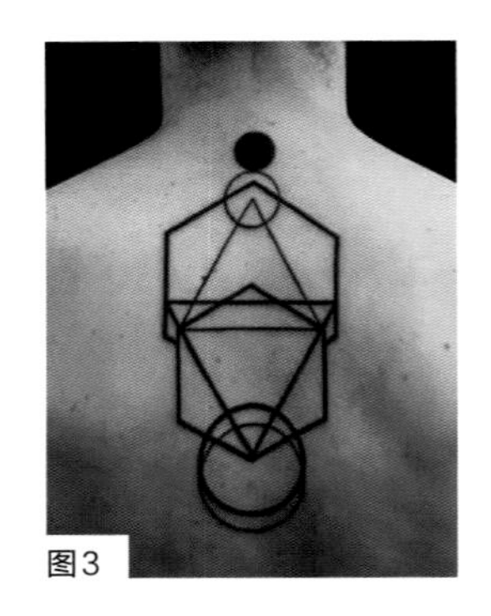
图3

图4

图5

图6

图7

图8

如图7、图8所示，这是生活在津巴布韦的恩德贝勒人（Ndebele）。从他们的服装和建筑中不难发现，这些简约的线条与艳丽的色彩形成了鲜明的对比，仿佛就像他们自己部族的宣言被公诸于世。据相关学者考证这些线条与色彩的浑然天成是源于其部族悠久的串珠工艺图案并受到祖鲁文化深刻的影响，看似装饰刻意，但其更多的是反射出他们的部族文化。例如黑色的线条代表了重生与婚姻、蓝色的线条象征了忠诚与请求、黄色的线条预示了财富与园林、红色的线条则表现了爱与深刻的情感……不禁感叹，世界之大，有多少丰富的图案与色彩有待我们这些年轻的设计师去挖掘、去应用。

图9

图10

图11

图12

KENZO是由日本设计师高田贤三于法国创立的时尚品牌。它既保留东方审美的内敛意境，又融入拉丁民族的奔放热情。钟情于缤纷绚丽花朵图案的KENZO，以其优雅鲜明的作品风格占据着时装界一线地位。图9～图13的系列大量运用明快的色块冲撞，加以条纹图案的点睛，打造出一场复古又青春、怪诞又不失童趣的时尚盛宴。服装整体廓型仍保留西装外套作为主线，利落的剪裁与线型条纹图案的不谋而合，演绎出线型独有的视觉趣味。

图13　KENZO（巴黎时装周2018春夏系列）

思考与行动：

图14为“菲克错觉”，也叫垂直中线错觉（Horizontal-vertical Illusion），它说明在横线与竖线长度相等的情况下，当竖线垂直于横线中点时，竖线看起来显得比横线更长。在服饰设计实践中，我们常利用垂直线造型拉伸服饰的纵向视觉感，令服饰造型纤细；利用水平线造型拉伸服饰的横向视觉感，令服饰造型壮实。这种分割视错觉运用到服饰设计中，能够从视觉感上改变人的高矮胖瘦。其分割形式包括垂线、水平线、斜线、交叉线，也有等距和不等距的分割，分割线的数量可多可少，形态可直可曲。

线型视错觉除了“菲克错觉”之外，还有很多可以运用到服饰设计中，请你找寻其他有关线型的视错觉，并分析它们在服饰设计中的应用与借鉴意义。

图14

图15

第二节 隽秀纹章 | 涂鸦也情趣

涂鸦艺术以其特有的涂画方式、图案效果和个性的自由发挥对设计领域有着深远意义和影响，它从早期的简单形式已转变成具有很强社会影响力的视觉和文化符号。如今人们的现实生活中已经随处可见这种文化符号的影响，尤其是其图案效果成为服饰、家居以及日用品设计的宠儿。

涂鸦艺术图案给予服装设计新的诠释：（1）塑造个性化视觉符号。色彩是涂鸦服装设计中不可或缺的一部分，设计师在那些夸张、鲜明的色调和充满激情的笔触中，达到兴奋和不安的情绪共鸣。图案形式主题几乎是百无禁忌，从流行商标、英雄人物、几何线条到卡通动漫，诸多图形元素彰显艺术家敏锐的生活观察能力和社会价值。（2）自我型创作过程。无拘无束，疯狂的生活态度和执着的求异精神使其充满个人意趣和形式张力。（3）视觉性的社会影射。涂鸦图案从简陋到复杂，从世俗到精美，从单一到多元，同样反映了服装的自身演化。

图1

图2

图3

图4

图5

图6

图7

图8

图9

近年来，随着涂鸦文化的蔓延以及多元价值观的形成，服装与涂鸦艺术已经逐渐形成一种密不可分的设计联姻，诸多的服装品牌和设计师相继成功推出以涂鸦为主题的消费产品和创意作品。就像图8、图9维维安·韦斯特伍德的设计，将涂鸦图案运用到服装中，甚至连整个秀场都被喷绘涂鸦，这种街头文化不仅是面对某种社会现象产生不安情绪的一种宣泄，更是设计师对自己情感的一种表达，一种针砭时弊设计语言的体现。作品中将涂鸦的色彩以及图案运用得恰到好处，配合饰品与发型，打造出街头嘻哈风格，这恰恰也在告诉我们，如果尝试涂鸦风格的整体形象设计，应不仅仅是将涂鸦简单地喷绘于面料之上，我们该想到的或许是从柏林墙推倒那一刻开始的设计灵感。

图10

考斯（KAWS）作品

在人们的印象中，涂鸦只是一种街头艺术，甚至被认为是阴暗面情绪进行肆意放纵的边缘文化，可图10这组创意服装设计却让我们感到涂鸦也是一种情趣，也可以有妩媚的一面。

涂鸦已经成为这个时代最具有代表性的时尚和流行符号，并且已经转化成为一种新的消费文化与创意产业。对服装设计师而言，涂鸦给予我们的不仅是图案上的灵魂和关注，还应当有它的时代背景和人文动机。在崇尚多元价值的当代社会，不同文化和文化符号的客观存在也为服装设计带来更多样的手法和更自由的舞台。

思考与行动：

涂鸦艺术的种种特性，尤其是其夸张、富有张力且饱含寓意的图像，亦或是乖张另类的想象都蕴藏着设计价值，相比之前任何一类的艺术都更富有亲和力和流行性。服装为涂鸦提供了一个全新的时尚载体和表现空间，同时通过服装这一特殊载体，涂鸦也逐渐融入了流行文化。因此，年轻的设计师和服装专业的同学应摆脱模式化和概念化的创作手法，感触这些多元文化的魅力，创作出具有时代语境的设计作品。

请找出一件你的旧衣服，在上面进行涂鸦创作设计，可以对服装的款式进行剪裁再造，使之更贴近你涂鸦图案的主题。

图11

第二节 隽秀纹章 | 字母符号站起来

在古代，混沌初开，还不存在刻意的设计，人们就懂得用一些简单且富有生命力的符号或者标志来记录与传达信息。

文字符号类标志中的英文字母，已成为设计应用中最广的元素之一。它简洁、易记、醒目，同时还具有传达文字准确意义的功能，无论是在平面、建筑、广告或是服装等设计领域，都占有举足轻重的地位。字母图案不单单只是一种文字，它还是一种符号，这种符号通过不同的组合方式以及形式，给人的理解与感受也是不同的。使用符号性的标志作为服装设计的图案元素应遵循以下原则:（1）符号的选择应准确表达意思。有时我们经常能看到穿着印有英文字母T恤的青年，但是究其字母组成的单词含义，有时往往是带有贬损意味且具侮辱性，因此在使用时应格外谨慎。（2）形象符号应容易辨认且应令人记忆深刻。设计师喜欢利用符号图案，因为它让人可以思考，而且它的内涵是普遍抽象的概念，也是知识与文化的累积，创造与发展的先决条件。因此符号化元素图案是可以系统地传达文化指向意义的形态或设计语言。

图2

图1

图3

服饰设计一般都以其独特的语言符号来传达其内在精神，设计师不仅要善于发掘符号化特征，还要懂得如何巧妙地运用符号语言图案，使其作品独具风格。服装设计的符号化大致可分为两类：一种是服装的显性符号。显性符号是一种视觉符号，有着直观性、简便性和视觉识别性特征。另一种则是隐性符号。在服装设计中并非所有的符号都是明显存在的，相反，很多设计会以更含蓄的表现方式传达信息，而符号本身则藏在幕后，这种符号就是隐性符号，是一种抽象的概念。

图4

图5

图6

图7

克里斯·拉柏罗赖作品

苏格兰设计师克里斯·拉柏罗赖（Chris LaBrooy）擅长3D创意字体的设计，图7中他将文字性符号直接运用到创意服装中，不仅直接表述作品含义，同时极具趣味性。其实在服装中，文字性符号多以图案的形式出现，在应用时也有一定规律可循。首先，文字图案要与穿着者年龄相符。例如老人比较适合那些古朴且带有历史感的文字图案，而青少年的叛逆扮酷心理，往往会选择那些突显个性，怪异宣泄的词语和图案。其次，文字图案也要与服装风格相符。活泼直率的文字样式往往备受运动装青睐，那些朋克嬉皮范儿的服装风格则更倾向于逆前卫的文字图案。

图8

图9

思考与行动：

符号化元素图案不仅有利于了解服装设计内在的思想和概念，而且可加强对设计者思维的激发，从中提炼出服装设计构成的成分和基因，有助于设计概念的准确表达。设计的过程是一个将创意视觉化、符号化的过程，反过来，符号化的图案同样可以使设计更具标识性与风格性。

请你找出一种你感兴趣的符号（可以是汉字、英文、数字、图形等）进行组合或变形，设计一系列创意服装，画出草图并选择一套具有代表性的服装做出实物。

第二节 隽秀纹章 | 中国说

图1～图6为李宁品牌2019春夏系列发布会，它将20世纪90年代运动与复古完美结合，中国红与明艳黄的浓烈碰撞形成极具中国代表性的摩登色彩。值得一提的是，汉字元素在其设计中充当主角，随处可见的“中国李宁”频频出镜，不仅给世界时尚之都巴黎送上一道中国传统饕餮盛宴，更在潮流频繁更迭的当下诠释了新时代的中国时尚。

文字的功能多体现在记事与信息的传递上，作为服饰图案，则可应用于广告、宣传、品牌营销的功能上。“人”作为服饰载体必定起到传播的作用。除此以外，将文字作为图形图案形式应用于服饰上，由于其具有简洁、明了、辨识度较高、形式多样等特点，也反映出当下人们追求休闲、娱乐及调侃的生活趣味与着装态度。而汉字，作为世界文字重要组成部分，已成为世界时尚符号之一。

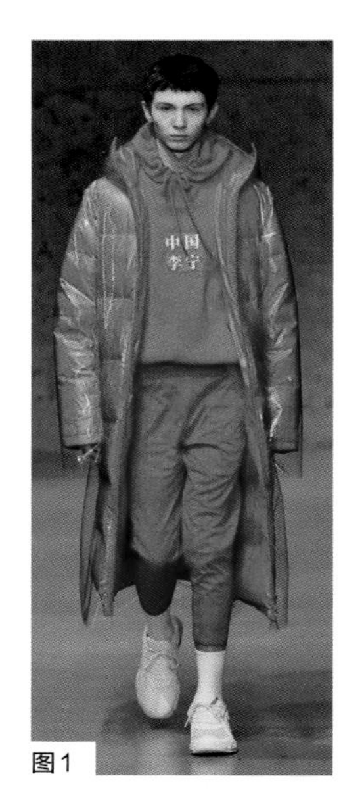

图1

图2

图3

图4

图5

图6

图7为清代平金绣霞披（45cm×108cm），其中间图案为中国传统富有吉祥寓意的寿字纹，其属文字纹的一种，多见于布帛、漆器与瓷器上，寓意寿福安康、福寿绵长。

图8为新疆楼兰出土的东汉“韩仁绣文衣右子孙无极”锦摹绘图。韩仁绣的单元纹样为汉代主流的云气纹及动物纹，其间穿插大小不等的汉隶体文字。这种文字作为装饰图案的手法不仅起到填补空缺的作用，更使整块图案具有稳定性与充实感，可以说是画龙点睛之笔。

由两个案例可见，文字作为图案形式的一种出现于服饰并非今日之作，早在秦汉时期已有之。因此，审视此种装饰手法，分析其形成原因和形势特点，更有助于我们把握创意服饰设计的内在文化要求。

图7

图8

图9

图10

图11

图12

密扇（Mikzin）品牌是2014年由设计师韩雯与冯光创立。该品牌理念为“潮范中国风”。如图9～图14所示，在此系列中，设计师将大量中国传统文化挖掘出来，比如山海经中的怪兽、中国古代神话人物中的哪吒，中华民族传统龙图腾等，施以时尚的魔法，让他们焕发出流行魅力的同时，更反映出独有的“中国质感”。

图13

图14

密扇品牌作品

这里我们所提到的“质感”，不单是通过面料所表现出的服装外观形象与手感，它亦可以表现出设计者与穿着者的气质修养、时尚品位及文化内涵，所以质感可以说是服装风格最有利和最直接的说明，而当下具有“中国质感”的服饰元素正是在长期历史发展和文化积淀中凝结下来的。细细品味不难发现，恰是由于这些元素具有特殊的中国文化识别性，所以才在不断推陈出新的服饰设计中更显弥足珍贵。

图15

图16

思考与行动：

图15、图16为“艳遇中国”品牌时尚海报，此品牌推崇“让生活艺术化，艺术生活化”，其品牌特点是将中国传统元素与工业时尚相融合，古典与现代混搭，形成新质感来诠释中国质感。

作为年轻设计师的我们，如何在设计中体现中国传统文化的精髓，如何将不同的传统符号融入到服装设计中，达到功能与形式的统一，设计出既“表象”又“立意”且富有“中国质感”的设计成为当今的热门话题。当然，整合中华民族传统图案，甚至图腾，便成为解决问题的首要任务。

请你读一篇有关中国传统文化的文章，列出需要使用的图案元素符号，思考并尝试运用它们设计一系列具有“中国质感”的创意服饰。

后记

Postscript

我们通常认为，一本书的出版必然是多年教学经验的总结，这固然没错，但经常有一个想法浮现在我脑海：这种带有主观色彩的教材是否会有缺陷？这的确是一个值得深思的问题。我给出的答案或许不成熟，但亦或有道理，那就是“且行且珍惜”，有个人风格但一定要兼收并蓄。

我们生活在一个信息爆炸的时代，作为一名教师如不与时俱进，分分钟就会落伍，而作为教师的我们又偏偏不能被良莠不齐的潮流所左右，这两难的境地又该如何是好。在本书撰写之初，我考虑的是创意之新，素材之广，构架之合理，用数据、理论、案例构建一个有逻辑思辨的书；然后是过滤与整合，屏蔽掉不适合作为本书的内容或因地制宜地赋予正能量，再结合调研学生需求的结果对本书结构内容进行多次调整；最后结合大量图片资料以明晰思路，实施写作，达到预期效果并等待反馈。

而所谓风格化，我的标准是真实，不误导。

本书的另两位作者曾是我的研究生，如今早已是与我职业相同的大学教师。最初的设定是想在与他们合作的同时，互相学习、互相弥补，多一些数据、多一些了解，事实证明了这个想法的正确性。年轻的同道积极上进，总是在第一时间补充提示，让我既体会到做老师的满足，也欣慰地看到他们的成长。在本书的出版流程中，我的在学研究生聂宁、周方媛、卢言秀、李蕊、李潇悦、余晓雅协助校对书稿，做了很多案头工作，在此一并表示感谢。

此书作为中国纺织出版社“十三五”普通高等教育本科部委级规划教材，也十分感谢出版社对我们的信任，我们必将凝聚心力，笔耕不辍，在教学之路上勤奋严谨，与志同道合者共进！